杭州特色小镇
公共空间活力研究

吴晓华◎著

中国林业出版社
China Forestry Publishing House

基金项目

浙江省重点研发计划：浙江省乡村生态景观营造技术研发与推广示范（2019C02023）

图书在版编目（CIP）数据

杭州特色小镇公共空间活力研究/吴晓华著. —北京：中国林业出版社，2022.6

ISBN 978-7-5219-1647-8

Ⅰ.①杭… Ⅱ.①吴… Ⅲ.①小城镇-城市空间-影响因素-评价-杭州 Ⅳ.①F299.275.51

中国版本图书馆 CIP 数据核字（2022）第 064988 号

中国林业出版社·建筑家居分社

责任编辑：杜 娟 王思源

文字编辑：李 鹏

出 版：中国林业出版社（100009 北京市西城区刘海胡同 7 号）

网 站：http：//www.forestry.gov.cn/lycb.html

印 刷：北京中科印刷有限公司

发 行：中国林业出版社

电 话：（010）83143573

版 次：2022 年 6 月第 1 版

印 次：2022 年 6 月第 1 次

开 本：787mm×1092mm 1/16

印 张：10.25

字 数：230 千字

定 价：88.00 元

前言 PREFACE

特色小镇是推进新型城镇化的国家战略，特色小镇公共空间是小镇居民和外来游客公共活动的重要载体，是小镇公共生活不可或缺的场所，对其空间活力问题展开研究，既有利于解决目前我国特色小镇在发展阶段中面临的公共空间活力不足、缺乏吸引力的现实问题，也符合当前我国提出的实施以人为核心、以提高城镇化质量为导向的新型城镇化战略方向。然而，梳理相关研究发现，目前对于特色小镇的研究偏向于小镇总体规划、建筑布局和产业发展，而对公共空间等人居环境的研究较少，同时，目前对公共空间的活力研究多集中在城市，对城镇和乡村的研究很少，这将不利于推进新时期特色小镇、美丽乡村人居环境的建设工作。

无论是数量还是质量，杭州的特色小镇均领先国内其他地区，因此，本书以杭州的特色小镇公共空间为研究对象，运用游憩行为观察法(SOPARC)观察小镇公共空间使用者的活动特征，运用统计分析与 ArcGIS 核密度估算法从人群、时间、空间三个维度分析特色小镇公共空间的活力特征，由外及内提出特色小镇公共空间活力的影响要素，根据影响要素展开问卷调研，对调研结果进行统计分析，并运用 Amos 建立结构方程模型，开展了杭州特色小镇公共空间活力影响机制的研究。根据活力影响机制筛选出特色小镇公共空间评价指标，构建特色小镇公共空间活力的评价体系，运用评价体系对杭州梦栖小镇进行了实证和反向检验，并提出杭州特色小镇公共空间活力优化提升策略。

本书研究的主体部分为定性研究、定量研究和应用研究。定性研究为理论基础，即本书前两章，是对特色小镇公共空间活力特征、影响机制、活力评价及活力优化提升的相关理论、相关分类、相关方法的梳理过程；定量研究为影响机制和评价体系的建立部分，即本书第 3 章、第 4 章和第 5 章，是对特色小镇公共空间影响机制及活力评价而完成现场调研、活力特征数据分析、影响机制模型建立和指标体系形成过程；应用研究是活力影响机制与活力评价指标体系的应用，即本书第 6 章和第 7 章，对特色小镇公共空间活力评价体系进行了检验，并根据影响机制和评价结果提出了优化提升策略。

特色小镇公共空间活力提升对于小镇活力提升至关重要。小镇公共空间应该充分重视小镇的文化导入，加强景观环境的建设，保护和延续小镇的自然山水肌理，用小镇的产业发展带动公共空间周边商业活动的开展，以此促进小镇公共空间活力的提升。希望本书的特色小镇公共空间活力影响机制、评价体系和优化提升策略能为评价公共空间活力和设计高活力度小镇公共空间提供参考。

本书的出版得到了浙江省重点研发计划：浙江省乡村生态景观营造技术研发与推广示范(2019C02023)项目的支持。中南林业科技大学的彭重华、沈守云等老师为本书的撰写提供了大量的指导，项目组成员徐斌、申亚梅、陶一舟、杨凡等为本书的撰写与出版付出了大量的心血与精力，在此一并表示感谢!

吴晓华

2022 年 3 月

目录 CONTENTS

4 特色小镇公共空间活力影响机制研究

1 绪论

1.1 相关背景

特色小镇是推进新型城镇化的国家战略，特色小镇公共空间是小镇居民和外来游客公共活动的重要载体，是小镇公共生活不可或缺的场所，对其空间活力问题展开研究，既有利于解决目前我国特色小镇在发展阶段中面临的公共空间活力不足、缺乏吸引力等现实问题，也符合当前我国提出的实施以人为核心、以提高城镇化质量为导向的新型城镇化战略方向。然而，梳理相关研究发现，目前对于特色小镇的研究偏向于小镇总体规划、建筑布局和产业发展，而对公共空间等人居环境的研究较少，同时，目前对公共空间的活力研究多集中在城市，对城镇和乡村的研究很少，这将不利于推进新时期特色小镇、美丽乡村人居环境的建设工作。

正是基于这样的背景，开展了特色小镇公共空间活力影响机制与评价研究。

1.1.1 特色小镇是推进新型城镇化的重要举措

特色小镇发源于浙江[1]，是住房和城乡建设部、国家发展和改革委员会(以下简称“国家发改委”)、财政部三部委在2016年力推的创新经济模式[2]。2016年7月，住房和城乡建设部等又联合下发了《关于开展特色小镇培育工作的通知》，对2020年特色小镇的培育目标进行了明确[3]。2016年，第一批127个中国特色小镇名单由住房和城乡建设部公布[4]；2017年，第二批276个中国特色小镇名单被公布[5]；2021年11月16日，命名了第五批特色小镇。特色小镇是为了适应新时期经济发展的新阶段而采取的措施，是对我国原有的产业进行转型升级，克服土地利用的瓶颈，提高环境容量而采取的一种新型经济发展模式，有力推动了经济社会大发展。特色小镇的提出，有助于调整我国城乡发展不平衡，有助于提升人民的美好生活品质，它为实现“产城融合”和新型城镇化增加了新元素，为推动产业结构转型升级提供了新思路。

1.1.2 当前特色小镇处于纠偏调控阶段

自2016年提出发展特色小镇以来，特色小镇的快速发展出现了普遍活力不足、缺乏吸引力等现实问题，国家对此也提出了许多纠偏调控策略。

2017年，《住房城乡建设部关于保持和彰显特色小镇特色若干问题的通知》中，又进一步明确了推进特色小镇建设的工作方向，这对于我国促进城镇可持续发展具有十分重要的意义[1]。通知指出，特色小镇需要尊重原有山水地形格局，特别是对原有历史文化街区、原有的小镇宜居尺度，需要充分尊重并保留。这为今后我国特色小镇的发展指明了方向。

2018 年，国家发改委等四部委再次联合发文《关于规范推进特色小镇和特色小城镇建设的若干意见》(以下简称《意见》)，提出特色小镇的发展方向必须从各地的实际出发，量力而行，提倡小镇形态的多样性，而不是为了指标考核盲目发展。国家发改委将随时对特色小镇出现的问题进行纠偏调控[2]。此次《意见》正是为了纠正过去特色小镇冒进的发展方式，这对形成高质量的特色小镇有很强的指导意义。对于目前建成的特色小镇，也需要对其生态保护、历史文化传承、产业发展方向以及公共空间环境等方面继续更新，以“新理念、新机制、新载体”为目标增强自身活力，建设可持续发展的特色小镇。

2019 年 6 月，国家发改委印发的《国家发展改革委关于推进新型城镇化建设重点任务的通知》中表示：将对全国 403 个特色小城镇开展严格的考核与测评，对于不合格的小镇，将予以淘汰。

由此可见，在国家整体发展阶段由高速度增长转向高质量发展的大背景下，特色小镇也步入了存量优化阶段。国家开始对小镇的发展进行纠偏与调控，以确保特色小镇能按当初的构想稳步发展。因此，在特色小镇这样一个调整、纠正及反思的阶段，本书提出了特色小镇公共空间活力的研究，既有利于解决目前我国特色小镇在发展阶段中面临公共空间活力不足、缺乏吸引力等现实问题，也符合当前我国提出的实施以人为核心、以提高城镇化质量为导向的新型城镇化战略的方向。

1.1.3 小镇公共空间活力的提升对于小镇活力发展至关重要

公共空间作为人们日常活动的重要载体，提升其环境质量对于实施新型城镇化具有重要的意义。在 2016 年的“人居三”会议中提出《新城市议程》，意味着公共空间对城市发展将起到关键作用[3]。特色小镇亦是如此：公共空间建设的好坏，将直接决定小镇居民或游客对小镇的体验感受，进而影响小镇的进一步发展。特色小镇活力产生的源头是人的聚集，特色小镇的活力提升不仅要增强产业经济活力，更要提升小镇公共空间的活力，带来高质量和舒适的公共空间环境，通过小镇公共空间的活力提升推动小镇的活力提升。研究特色小镇公共空间的活力特征、影响机制及评价标准是后续小镇公共空间活力提升或小镇整体质量提升的研究基础。

因此，需要在深入理解小镇公共空间活力的内涵与特征基础上，探索小镇公共空间活力影响的机制，研究科学的小镇公共空间活力评价方法，进而准确识别小镇公共空间的活力现状，为公共空间的活力营造提供具有针对性的指导及技术路径[4]。

1.1.4 风景园林视角下特色小镇公共空间研究的不足

梳理相关研究发现，学术界对于特色小镇的产业与经济发展较为关注，对特色小镇的规划布局、空间建设等问题也有涉及。目前主要的研究成果有：“特色小镇的相关概念界定”

“特色小镇的创建路径研究”“特色小镇的评价体系研究”“国外特色小镇的成功经验总结与对我国特色小镇创建的经验启示”“特色小镇的总体规划与建筑设计研究”等。从以往的研究中我们发现，从风景园林学视角来研究特色小镇人居环境的相对较少，尤其是特色小镇的公共空间活力问题几乎未被人关注，同时，目前对公共空间的活力研究多集中在城市，对城镇和乡村研究很少，这将不利于推进新时期特色小镇、美丽乡村人居环境的建设工作，因此，需要更多的风景园林人加强对特色小镇公共空间活力的研究。

1.2 相关概念与研究范畴

1.2.1 特色小镇

特色小镇，是指根据一定的特色产业和特色环境因素为基础，政府通过制定灵活的政策而打造的具有特色产业、文化底蕴、旅游特色，并具有一定社区功能的综合开发项目，是一种新型城镇化模式[5]。

“特色小镇”并不是简单的“镇”，更不是传统意义上的产业园区、工业园区，或是田园综合体，而是一个将产业与文化结合，生产与生活结合，具有良好的自然环境，能开展旅游功能的新型集聚体[6]。特色小镇强调产业特色，功能多样化，形态小巧，机制灵活。绝不能把产业园、景区、体育基地、美丽乡村、田园综合体以及行政建制镇和特色小镇进行等同[1]。每个地区可根据自身的产业布局发展不同类型的特色小镇。其核心在于“一小六特”。“一小”：是指特色小镇一般仅占地几平方千米。“六大特点”：即特色小镇核心竞争力在于它的“特色”。一是产业之“特”，小镇的区域资源禀赋、历史文化传统有特色，造成各个小镇适宜发展的产业也会各不相同。二是机制之“特”，机制上是政府起引导作用，企业作为小镇发展的主体，社会多方力量共同来参与的模式。三是功能的“特”，特色小镇是一个整体，一些小镇就是依托有特色且有影响力的企业的基础上发展起来的，在特色小镇建设过程中，必须充分发挥这些企业的带动作用，并逐步带动其他中小企业的发展，形成汇聚效益，促进整个小镇和地区的活力。四是外貌之“特”，特色小镇在打造过程中，应该维护小镇原有的山水地貌及文脉肌理，打造优美且具有特色的外环境。五是人群之“特”，小镇集聚的人群往往是相关行业或知识背景的人，他们的生活方式相对比较统一。六是位置之“特”，并不是任何小镇都适合发展为特色小镇，一般来说，特色小镇均是位于城镇周边、高铁站周边、一些重要的景区周边甚至是整个城市的交通轴沿线这些往往容易形成人口和产业集聚的地区。

本书所研究的特色小镇便是这种占地 $2\sim3km^2$，依托特色产业发展起来的具有特色外环境，并获得特色小镇培育或命名的地区。

1.2.2 公共空间

广义的公共空间最为重视的是进入空间的人，以及他们在公共空间中的活动[7]。人们在公共空间进行的活动一般是与生活紧密相连的自发性活动。改革开放以后，群众开始在公园、街道等“公用空间”里开展花样繁多的自发性活动。进入 21 世纪，中国各个城市都兴建了广场，这在一定程度上满足了中国人对公共空间的使用需求。

本书所研究的是狭义上的公共空间，主要指那些使用者日常生活、社会交往以及公共使用的室外空间。它包括公园、广场、街巷、住区绿地、中介空间等[7]。根据居民的生活需要，可以在公共空间进行体育、休闲、聚会、人际交流和商业活动。公共空间又分开放空间和专用空间。开放空间有公园、广场、街巷、住区绿地等，而运动场则属于专用公共空间。另外，专用公共空间还包括公共设施用地的空间，例如城市的中心区、商业区等。公共空间一般是随着社会发展，根据居民的生活需求而逐步建设形成的。公共空间是公共文化的主要场所，作为公共景观，它是构建社会生活的一个重要手段，既为了每天在公共空间活动的当地居民，也为了来小镇游玩的游客。公共空间对于城市、乡村或特色小镇都非常重要，因为人不是孤立存在的，人们需要在公共空间内开展公共生活[8]。这也是本书将研究视角聚焦在公共空间的原因。

1.2.3 特色小镇公共空间

目前，公共空间的研究主要聚焦在城市公共空间和乡村公共空间中。由于特色小镇是乡村发展和进化了的高级形态，它不同于城市公共空间，也不同于乡村公共空间，但又同时具备城市、乡村公共空间的烙印。城市与乡村是性质不同的两种社会实体，但是城市、乡村的形态并不是一成不变的，而是动态变化着的，乡村不断地向城市转变，呈现出初步的城市地域化景观[9]。与农村相比，特色小镇的公共空间是一种以非农业人口和非农业工业活动为主的空间环境，所有带有产业展示和产品交易的空间；与城市相比，特色小镇公共空间又明显保留着更多的“乡村主义”，常常会开展一些传统的历史民俗、节庆活动。

对于乡村的公共空间，郑萍[10]认为，公共空间是乡村社会的重要组成部分，是进行乡村管理与提供乡村公共服务的重要场所。周尚意、龙君[11]认为乡村公共空间是乡村村民及来此的游客等可以自由进入并进行思想交流活动的公共场所，每个乡村公共空间有其自身独特的公共空间范围。曹海林[12]为村庄的公共空间包括两个层次：一个是村民可以自由进出这些地方并交换思想，另一个是村庄中存在的制度化组织和制度化活动。王春光[13]提出公共空间包括三个方面的内容：一是民间组织，二是社会舆论，三是民间乡贤——他们可以将分散的村民聚集到一起进行各种集体活动。总的来说，乡村公共空间记录了村庄的记忆，体现了乡村的秩序，是乡村公共生活和民俗节庆的载体。它包含村口、河边、祠堂、庙宇、街头、老树下、古井边等，此外也包含乡村民俗节庆等仪式的场合。

对于城市的公共空间，在雅各布斯[14]看来，公共空间是城市公共交往的场所，社会学的研究视角强调了公共空间可以承载不同人群，容纳各种活动和社会交往的场所特征。林奇[15]把城市公共空间分为郊区公园、市内公园、广场、线形公园、运动场和球场、荒地和儿童游乐园。马库斯[16]将城市公共空间划分为城市广场、邻里公园、小型公园和袖珍公园、大学校园户外空间、老年住宅区户外空间、儿童保育户外空间和医院户外空间。王建国[17]将城市公共空间划分为广场空间、绿地空间、街道空间、滨水空间和居住区空间。徐清[18]将城市公共空间分为城市公园、城市广场、城市滨水区和城市商业步行街。

基于上述认知，本书所研究的特色小镇公共空间是指承载小镇居民及外来游客日常交往、民俗、节庆、产业展示与产品交易等以公共活动为主，具有浓厚的文化记忆和景观特色并供小镇居民和外来游客交流交往的公共活动场地。

从空间形态上来看，它与小镇的产业发展紧密相连，形态上追随小镇的产业空间布局。从功能上来说，特色小镇的公共空间功能更加多样化，商业气息也更加浓厚。它不仅具备其他公共空间的日常交往、交流、休憩等功能，还是小镇产业的一个展示窗口，承载着产业宣传与使用者对产品的体验的双重功能。特别需要注意的是，特色小镇不同于传统的工业园区、地区和行政区域实体城镇，它集产业功能、文化功能、旅游功能和社区功能于一体，是一个具有生产、生活、生态功能的空间开发平台。其中，小镇的产业生产功能是小镇的核心，但本书特色小镇公共空间的含义中并不包含那些生产空间，无论是农业生产空间还是工业生产空间。另外，本书所讨论的公共空间，也只限于日常性的室外公共空间，如街道、广场、公园等，而不涉及如咖啡馆、茶馆等室内场所以及纪念性的、典礼性的公共空间，因为空间活力的内涵和逻辑各不相同。

1.2.4 活力

在《当代汉语新词词典》[19]中，“活力”一词的释意是旺盛的生命力，也指事物得以生存、发展的能力。

凯文·林奇[15]在 *Good City Form* 一书中，认为好的城市形态就应包括活力与多样性。林奇将“活力”定义为“一个聚落形态对于生态、生命及人类的支持程度”。林奇认为，城市的活力主要体现在以下 4 个方面：一是连续性，也就是空气、水、食物等能否延续生产和处理；二是安全性，即环境是否能保证人们的安全；三是和谐性，指环境与人的生活能否相互协调，包括人需要的温度、对环境的感受等；四是指稳定性，即环境能否保证人类及与他们息息相关的生物物种的健康能够持久稳定的发展。简·雅各布斯[14]认为正是由于人与人相互交流与活动的多样性造就了活力。在伊恩·本特利[20]等人的《建筑与环境共鸣设计》中：活力被描述为有能力容纳许多不同的功能，并为公共空间的使用者提供广泛的选择。蒋涤非[21]认为城市公共空间活力是公共空间提供市民人性化生存的能力。Bentley[22]认为，活力空间具有多种功能，可以为公共空间使用者提供更多选择，并大大增加他们在公共空间活动的可能性。王玉琢[23]提出城市空间活力是城市中的物质空间对人及其活动产生吸引并支撑人的交往活动及人对空间场所的感知认同等活动的综合能力。公共空间由于为使用者提供了多种机会来此活动，因此，它具有了活力的功能，也使得它的活力远远高于其他公共空间，这正是活力的本质。人是公共空间的使用者，是空间的核心，所以衡量公共空间好坏的最终标准始终是人在公共空间中的切身感受[24]。

综上，关于公共空间活力的定义都围绕人群、活动以及活动发生的物理环境 3 个核心要素。人及人群活动是公共空间活力的主体和外在表现，而物理环境作为人群活动的物质载体，通过自身的空间特征影响人群活动，是公共空间活力的内在机制。

1.3 国内外研究概况

国内外针对特色小镇公共空间活力的研究可从4个方面进行分析，即特色小镇的发展研究、特色小镇评价体系研究、城市公共空间活力相关研究、城市公共空间活力评价相关研究。

1.3.1 特色小镇的发展研究

早在1898年，英国建筑规划大师埃比尼泽·霍华德针对英国大城市所面临的问题，就提出"以绿化带环绕多个名称和设计各异的小城镇，其面积为2428hm²，人口32000人的田园城市概念"[25]。霍华德的田园城市概念从广大人民的利益出发，旨在促进城市和乡村的协调有序发展。在《明日的田园城市序》中，他描述了他的"三磁铁"理论，指出田园城市是城乡一体化的产物，从而构建了一种新的社会生活形式，该理论将城市的便利与乡村的美丽结合在一起，认为人们愿意从原来居住的地方搬到田园城市就是对田园城市的肯定，展现了人们对幸福生活的追求。田园城市的基本原则是在一些小规模的城市中实现城市与乡村的融合，这种看似乌托邦式的城市概念不仅引领着西方城市的发展方向，而且为中国特色小镇提供了原型。

1960年，Michael E. Porter[26]教授就提出过关于特色小镇的概念，他在一本名为《国家竞争力》的书中写道："一个国家或是一个地区的经济竞争力并不是由宏观的经济数据所决定的，而是由地理上不起眼的'马赛克'决定的。"波特教授说的"马赛克"实际上是指在工业集聚效应下形成的特色小镇。Grahant Parlett[27]以爱丁堡古镇为例，指出爱丁堡古镇正是通过发展旅游特色小镇，获取了更多的资金对小镇进行保护与发展。Clare Munphy[28]提出英国正在通过特色小镇的旅游发展促进小镇的保护。Melanie Kay Smith[29]研究发现，通过将城镇旅游业与文化等功能相结合，可以提高城镇的经济效率。由此可见，产业和文化对于特色小镇的发展极其重要[30]，国外许多世界著名的小镇，都是以某个独特的产业功能或文化为基础，拥有极佳的自然或人工环境景观，从而在全世界范围内产生较大知名度。

美国

- 硅谷科技小镇**圣塔克拉拉谷**，依托区域的斯坦福大学、谷歌公司、苹果公司等共同形成合力，成为以企业为发展主体的创新小镇；格林威治基金小镇，通过政府主导和市场引领，小镇的对冲基金产业蓬勃发展[31]。
- 位于美国加州蒙特利半岛的**卡梅尔小镇**[32]，建于20世纪初期，只有4000左右的居民，被称作如同童话一般的小镇，是各国艺术家、作家、收藏家们一心向往的去处。
- 位于美国怀俄明州的**杰克逊小镇**[33]，距离盐湖城400km左右，大提顿国家公园以南，属于美国的西部小镇，以牛仔文化闻名于世。杰克逊小镇是每年麋鹿大迁徙的必经之地，小镇最著名的景点当属鹿角公园，又称四角公园，已成为该镇的标志。2005 年，该镇还因李安执导的电影《断背山》而闻名。如今美国政府为了保护麋鹿的生态生活，在杰克逊小镇建立了麋鹿保护区。因此，每到秋冬季，这里都会吸引大量游人驻足观赏麋鹿。

法国

- **格拉斯小镇**是“香奈儿 5 号”香水的原产地[34]，格拉斯小镇建设和发展的先进经验主要是立足当地实际情况培育特色产业、注重地域品牌塑造、功能配套完善以及积极发展旅游业[35]。
- 位于法国巴黎近郊西南面约 70km 处的**吉维尼小镇**，是一个只有 500 多人的小镇，茂密的树林和碧绿的草场一直延伸到塞纳河边。这个小镇因拥有莫奈的故居及唯美的莫奈花园而吸引了大量的游客。整个花园注入了莫奈一生的心血，最后才形成红黄蓝绿紫白完美组合的花园色彩[36]。整个小镇也是一个花园环境的小镇，每年吸引着大量慕名而来的游人。
- **亚维农艺术小镇**凭借国际知名的亚维农艺术节(Festival d’Avignon)[37]举世闻名，艺术节的文化主体性与文化定位十分明确，这进一步拉近了当地居民与艺术节的距离。亚维农艺术节努力使市民与艺术节进行连接，因为他们深信凝聚了地方意识和地方文化，以及联系地方人来参加的活动才会得到国际观光客的青睐，从而增强经济文化与社会观光等效益，形成良性循环。
- 位于法国上萨瓦省(Haute-Savoie)北部的艾维昂勒邦(Evian-les-Bains)紧靠阿尔卑斯山，面对日内瓦湖，它所属的**依云小镇**用售水为小镇带来了很高的收入[38]。依云小镇现已经成为会议之都和四季皆宜的养生度假区[35]。
- **科尔马小镇**[39]位于法国东北部著名的葡萄酒分布区阿尔萨斯，是欧洲最浪漫的城镇之一，风景如画的木筋房，宁静曲折的小巷，独特的运河和花船，让这个城镇被称为水上花城。科尔马小镇也是一座以葡萄为主题特色的欧式旅游小镇。

德国

- **威尔斯海姆**[40]是德国西南部巴登符腾堡州的一个总人口为 6500 人的小镇。这里自然风光神秘而梦幻，更加值得一提的是小镇获得了欧盟颁发的能源金奖，是一个地地道道的欧洲能源之镇。这个小镇的居民们从 1989 年前就开始逐渐推广和使用再生能源，使用可再生能源、节能成为小镇居民最喜欢的话题。
- 科学启蒙运动的德国名镇——**哥廷根**[41]是世界数学中心，以它命名的哥廷根学派和哥廷根思想绵延上百年仍有影响力。世界三大数学家之一的高斯曾在哥廷根大学任教，并开创了“哥廷根学派”。连中国的朱德元帅和国学大师季羡林都曾求学于哥廷根大学，他们共同为哥廷根创造的文化遗产使得哥廷根成为不可复制的世界级文化名镇。
- 位于德国西北部北威州的**蒙绍市**，是一座位于德国与荷兰边境的小城镇[42]。小镇人口非常稀少，仅为 1.5 万人，小镇上的水上教堂、修道院以及古堡都是保留的 17 世纪的原有风貌。同时，蒙绍市也通过鼓励帮助年轻有能力又具有创新思维的年轻人创建自己的公司，如今，这个小镇已经成为拥有200多家企业的德国科技型与就业型的小城镇。在这个小镇里，建筑物均采用节能环保材料，并应用了可再生能源，如太阳能、风能、光能等。

英国

- 莎士比亚的故乡位于英国中部华威郡的**斯特拉福德**，小镇虽然很小，人口也仅为3万人，但每年都要接待来自全世界各地的游客[42]。一方面，小镇通过发展城镇旅游业来赚取资金，实现城镇基础设施的翻新和文物古迹的维护，同时它也十分重视城镇的宁静和历史感的维护。如今，小镇上的几条步行道设置了莎士比亚餐厅、莎士比亚纪念品商店，沿着街道还布置了一些酒店旅馆，街道的建筑风格仍然保持着17~18世纪的风格，一些被破坏的房子也是采取修旧如旧的方式，尽量与周围建筑风格保持统一和协调。世界名人故居保护与商业开发相冲突的难题在斯特拉福德小镇得到了完美诠释，人们在这个小镇上不仅可以感受到莎士比亚一生的文化，还能充分领略英国17~18世纪的人文建筑风光。
- 在英国威尔士与英格兰西南部的交界处有一座小镇——**海伊小镇**[43]。它西面是怀伊河(Wye)，南部是“黑色山脉”国家公园，小镇地势由西向东逐渐升高。沿着它坡度较陡且狭长的街道，有保留完好的市政厅、古城堡以及一些古香古色的居民住房。海伊小镇[44]不仅是一座历史悠久的小镇，还是举世闻名的“书镇”，每年都会有众多的游客来这里淘书、看书、买书。“书镇”源于1961年毕业于牛津大学的年轻人——理查德·布斯。他在很短的时间内收购了原有的老电影院、消防所、小教堂、废旧工厂和城堡遗迹等地，并把它们改造成为一间间各有特色的二手书店，从而使小镇发展出了多个不同特色的书店，小镇拥有各类图书达百万册。方便的交通和优美、自然的田园风光吸引了众多周边城市(伯明翰、纽卡斯特、曼彻斯特、布里斯托、卡迪夫等)居民前来参观、购书。渐渐地，海伊书镇在英国本土产生了很大的影响，由图书产业带动起来的旅游业也为这座小镇带来了更多的商机。这样的经营模式促进了小镇的良性循环发展，旅游业赚取的资金用于小镇的历史建筑与环境的维护，商业又为小镇带来了更多的人气与活力。
- 库姆堡(Castle Combe)是英格兰威尔特郡的一个村庄，只有150户居民[45]，连续50年被评为“世界最美的小镇”[46]，在这个小镇漫步，就像回到了中世纪一般，当地许多的建筑都被列为保护文物，这里还可以观看老爷车的相关赛事和展览。

西班牙

- **龙达**是西班牙的安达卢西亚腹地一个不起眼的小镇[47]，人口稀少，经济也并不发达，建于1785年，拥有西班牙最古老的斗牛场。因此，龙达被誉为现代斗牛的发源地，也是战士朝圣的地方。

荷兰

- 艾瑟尔省的**羊角村**是一处田园小镇[48]，被称为“荷兰威尼斯”，这里没有道路，运河水路和小拱桥是该镇的主要交通路线。汽车是不允许进城的，人们只能坐船进出。当然，让人陶醉的不仅仅是这个小镇的青山绿水，更是它们岸边的芦苇小屋，被称为“草皮小屋”。羊角村的名字来历是由于18世纪时，当地缺乏土地资源，一批挖煤的工人在那里发现了泥煤，他们的挖掘使得当地形成了一条条纵横交错的水系和湖泊，而在每日的挖煤过程中，他们还挖出了很多“羊角”，经过有关专家鉴定，这些羊角是1170年左右的野山羊，小镇也由此得名。如今，羊角村河道两岸种植了大量鲜花，吸引了世界各地的人们前去参观、度假。

瑞士

- **达沃斯小镇**，是全世界最著名的国际会议集中区[49]。达沃斯的成功离不开它清新的空气、自然优美的环境，因此，达沃斯[50]成了世界会议中心。同时达沃斯又借着不一样的“空气”资源开发出了各种运动项目。可以说，达沃斯的成功，源于它的自然生态环境。
- **因特拉肯**是欧洲瑞士的一个闻名遐迩的旅游小镇，是一个因为湖景观光而兴起的小镇[51]，因为位于两湖之间，所以又叫湖间镇。因拉肯特出产手工纺织的网织品，特别以“抹布”最为出名，被人们称为“抹布小镇”。小镇的传统手工彩陶制品也极为出名，除此之外，它也是一个著名的运动胜地，每年吸引全世界大量的人群来此运动、度假。

新西兰

- **皇后镇**被南阿尔卑斯山包围，也是一个依山傍水的美丽小镇。皇后镇春天遍地鲜花，夏天的蓝天白云将整个小镇映衬得格外纯净，秋天的色叶树木缤纷多彩，冬天的白雪山岭，一年四季的皇后镇呈现出不一样的景观特色。皇后镇也是从事跳伞、滑雪的圣地。

以上国外这些优秀的小镇案例研究都不约而同地将视角关注到了小镇的自然环境和文化特色，从中我们可以看出，特色小镇的环境至关重要，这里的环境不仅包括自然禀赋的环境，也包括对小镇环境的清洁与维护。其次，小镇的文化实力无处不在。最后，这些小镇的商业运营无疑是极其成功的，究其原因，这些小镇都充分运用了公共空间打造了融交流、集会于一体的商业中心，极大地促进了小镇的活力提升。

国内对于特色小镇的研究主要集中在以下几个方面：

第一，关于特色小镇概念方面的研究。蔡健，刘维超，张凌[52]认为特色小镇是浙江块状特色产业转型的新载体和新空间；马斌[53]认为，特色小镇是相对独立于市区，具有明确产业定位、文化内涵、旅游和一定社区功能的创新创业发展平台，区别于行政区划单元和产业园区；卫龙宝，史新杰[54]认为特色小镇是以某一特色产业为基础的现代化集聚区。

第二，关于特色小镇的作用研究。刘波[55]认为发展体育特色小镇能促进体育产业与相关产业间的融合，促进国民体质健康的改善并丰富其业余生活，是我国新型城镇化的助推器，是扶贫攻坚、缩小城乡差距的有力抓手，是刺激体育消费拉动经济增长的新引擎。另一方面，特色小镇的作用体现为对区域发展的促进作用。卓勇良[56]认为特色小镇规划建设推进了空间集聚、要素集约、设施集成、产业转型、创业创新的作用。周鲁耀、周功满[57]相信，浙江省创建特色小镇的许多实践可以很好地应对小镇治理模式中的困难和问题。

第三，关于特色小镇的创建路径研究。彭明唱[58]提出特色小镇建设发展中应突出特色，打造产业发展新平台；完善功能，强化基础设施支撑作用；绿色引领，建设美丽宜居新城镇；创新体制机制，激发小镇活力。张杰[59]认为特色小镇必须具有自己的工业或文化特色。城镇需要培育和利用自己的资源禀赋，才能形成优势产业。奚赋彬[60]提出了远郊型特色小镇的“改革助推”“自生共建”“文化撬动”三大创建动力模式。

第四，关于特色小镇建设的经验和做法研究。吴可人[61]认为特色小镇的生命力在于活着的文化。鲁钰雯[62]等通过对中外特色小镇发展模式进行比较，提出文化生命力赋予小镇灵魂，小镇生活文化与现代化产业的良好结合促进小镇活力发展。

第五，关于特色小镇的多角度认识。吴曼、朱宇婷、曹磊[63]指出自然景观是小镇区域生态系统的重要基础。维护自然景观的完整性，减少对森林和水体的破坏，是尊重保护自然现状的首要工作。注重保护原始地貌和保护森林生态系统，目的是确保生物多样性不被破坏，确保植物和动物在适当的人类干预下能够自我维持和自我恢复，以发挥水土保持的作用。小镇本身具有优越的自然地位和独特的地域特色，在城镇的快速发展中不可替代为“千城一面”的人工景观。因此，尊重和保护该地区的自然现状，保持其多样性和完整性，已成为特色小镇生态景观艺术设计的重要原则之一。

从上述研究可以看出，特色小镇的特色自然山水、文化与历史是小镇的关键元素，因此，本书根据该基础，研究小镇的公共空间的活力，从小镇的自然山水、公共空间的文化事件和空间魅力入手，探寻小镇传统的自然山水肌理和空间形态对小镇公共空间的活力的影响。

1.3.2 特色小镇评价体系研究

从特色小镇发展水平来进行评价研究的有：闵忠荣[64]构建了包含特色产业、宜居环境、传统文化、设施服务和体制机制于一体的评价体系，用以评价特色小镇的创建水平。高雁鹏等[65]通过构建镇区和村庄 2 个层面的三生功能评价指标体系。田学礼[66]采用层次分析法构建了由体育特色小镇基本信息、体育特色产业、体育特色资源、体育公共服务 4 个维度组成的体育特色小镇发展水平评价指标体系。进行小镇综合评价的有：吴一洲、陈前虎[67]在分析特色城镇内涵和特征的基础上，提出了特色小镇评价指标体系，包括基础信息、发展绩效和特色水平 3 个要素，可为浙江其他特色小镇的评价及全国其他地区特色小镇的评价提供参考。对小镇进行分类评价的有：施从美，江亚洲[68]利用 K-均值聚类法对全国首批 127 个特色小镇多方面数据的统计分析，将全国的特色小镇分为产业特色类、生态建设类、资源潜力类、文化历史类以及无明显特色类小镇。

以上这些评价研究为本研究提供了参考，但以上的研究仍然侧重于小镇的发展水平和综合评价，还未关注小镇的公共空间及人居环境。但经济的高度发展，并不代表小镇具备较高的活力，因此，本书的研究可对该方面进行补充，对小镇公共空间的活力进行评价和研究，以完善特色小镇的评估体系。

1.3.3 公共空间活力特征、影响因素及提升方法相关研究现状及分析

公共空间活力特征的研究方法主要集中在现场观测和大数据的利用上。张晓[69]对公共空间的使用者展开调查，对空间的实际使用状况进行观察记录，在空间活力分析时采用叠加的方法，得出活动的空间聚集点，总结出影响小尺度公共空间活力的因素。姜蕾[70]选择大连典型的生活街道作为实际案例研究对象。通过调查街道上步行活动和街道物质环境特征的二维定量数据，采用归纳比较和相关分析的方法确定正确的街道环境活力，最后，从影响街道活力的街道宏观和微观物质环境入手，分析和讨论了构建街道活力的两个原则——可达性原则和混合原则。宁晓平[71]采用手机信令数据获取地区实时人流量信息，通过 POI 获取细粒度的土地利用信息，定量分析土地混合利用对城市公共空间活力的影响。刘颂、赖思琪[72]运用大数据综合方法研究了公共空间的活力外在特征。

为了研究公共空间的影响因素，姜璐[73]用空间句法分析并得出了街道的通达性和渗透性是街区活力影响的重要因素，为老旧居住街区的改造和新开放街区的规划提出了参考意见。付帅军等[74]运用空间句法软件对赣州历史街区不同历史时期的空间形态演变过程进行分析，阐释了历史街区空间形态对街区活力的影响。龙瀛和周垠[75]探讨了公共管理与公共服务、商业服务设施、住宅街道活力的外在表现以及构成街道活力的因素之间的关系。赵月霞[76]等通过实地观察法分析得出良好的绿化和选址将对公共空间活力产生较大的影响。也有一些学者运用相关性分析、多元回归分析和主成分分析，建立模型评估公共空间活力的影响因素之间的关系[77]，但这些研究对于各物理环境影响因素对活力外在表征的影响度以及各物理环境影响因素之间的相互关系都没有具体的量化研究，本研究将对这些方面进行补充。

对于公共空间活力提升的方法研究较多。Christof Parnreiter[78]相信地标的建设可以提升区域的活力价值。一个地标性的空间往往能强化居民对空间的认知。而在城市标识空间中，发生事件的可能性更大，例如各类社区活动、表演、各种宣传活动等，通过这些事件可以进一步丰富公共空间中人的行为，让空间更加有活力。Triggs，Seth Curtis[79]通过从安全性和友好性两方面比较了加拿大和美国中心城市的活力，指出安全友好对城市活力提升的作用。Xu Ting[80]在她的学位论文中指出目前许多城市的多样性和活力受到抑制，各种各样的商业建筑仅是营造出一种活力的幻觉。公开空间的连续性、紧密性以及公共空间从属的模糊性对城市公共空间活力起着重要的作用。Yoshiko Tanaka 与 Shigeru Tanaka[81]在研究中尝试构建一个城市图像动态模型，敦促市民自愿参加城市的文化活动，公民的自愿参与可能会改变城市的功能和结构，从而使城市以自下而上的方式变得充满活力。John Nagle[82]指出安全对于城市活力的影响，呼吁用和平的方式提升城市的活力。Michael D. Taylor[83]探讨了一种可持续的场所营造模型，该模型可以自适应地重复使用当前未充分利用的基础设施，通过城市基础设施的更新来提高城市的活力。Jeffrey Thomas Hyslop[84]通过模块化建筑开发策略激发华盛顿斯波坎的城市活力，通过总体模块化的开发来修复城市空地。Yu，Wenyan[85]考虑了文化历史连

续性对于社区活力的重要性。Bala Raju Nikku[86]指出在充满活力的公共空间中，应充分考虑儿童的需求。Henry Cisneros[87]研究通过提高老年人使用城市公共空间，开展公共社交生活提升城市活力。Vaidehi Niteen Gupte[88]指出优质的城市空间，需要包括广场和步行街，鼓励人们用休闲漫步和逛街创造活跃的城市氛围。Wang Juju[89]借助计算机绘制的人脸提出了一种综合的城市诊断方法，面部图像代表城市的多维观测，他提出了城市诊断理论和城市面孔模型(CFM)，将城市活力与面部能见度联系起来。因此，CFM用作助记符，可以帮助城市规划者将城市概括为面孔，人脸可以代表特定的城市功能或城市的整体情况，并为公众和决策者提供必要的基本信息。公共空间活力的产生关键就是来公共空间活动的人们，因此，很多学者利用环境心理学理论通过实地观察人的行为来了解人的需求。Perin[90]提出了行为轨迹的概念：通过跟踪人们的行为，了解他们在房间、街区、公园等公共空间范围内的日常生活目的，以了解他们在公共空间的环境中需要哪些物理和人类资源。郭薇薇[91]以老人日常行为轨迹为研究的切入点，通过了解老年人群的个人属性、日常活动的时间、空间等，分析总结老人的活动类型和老年人在行为轨迹中的环境影响元素，从而提出适合老年人活动特征的各类节点空间的设计方法。王墨非[92]通过对西安几条主要街道边缘空间进行实地调研考察，参考国外优秀案例及成果，对街道边缘空间的构成要素进行了分析，归纳总结出了营造富有活力的街道边缘空间的模式和方法。庞智[93]通过作为研究地点的英国城市更新项目——对斯旺西大街的想象，得出城市的活力将通过以下子目标来实现：行人友好的，走走停停的动态街道；一个可以参观城市历史、捕捉城市印象的城市名片；一个鼓励人们融合、功能融合、艺术汇聚的城市创意实践区，虽然其研究视角是针对整个城市的，但其研究结论对于城市公共空间活力的建设也具有很强的指导作用。苟爱萍、王江波[94]从人的感知情况出发展开研究，表明功能多样性、环境舒适度和交通可达性是街道富有活力的重要保证。在街道规划设计中，应根据居民的不同需求建立不同类型的广场和商业设施，使街道具有多种功能，同时提高交通的可达性和人们的舒适度。何正强[95]运用系统网络学习方法，总结了社会网络与公共空间相互作用的规律，并在理论与实证相结合的基础上，提出了重建社区公共空间的设计策略。

上述研究对如何提升公共空间活力进行了分析，这对于提升特色小镇公共空间活力有着很大的借鉴作用，但在研究空间类型方面主要集中在住区和街道；在研究成果方面缺少针对特色小镇这一独特的场地空间，另外，对公共空间活力的物理环境影响因素之间的相互关系以及它们对于活力外在表征之间的关系都没有进行相应的量化研究。因此，本书的研究对空间类型和研究成果均作出了补充。根据上述国内外学者对城市或乡村公共空间活力的研究成果，本书对特色小镇公共空间的活力研究将本着持续性、人性化、健康性和舒适性原则对人们经常访问和使用的公共空间进行影响机制、活力提升策略研究。

1.3.4 城市活力评价及公共空间评价相关研究现状及分析

目前，一些学者开始利用Dmsp/Ols稳定夜间照明数据和多源数据，从多方向、多尺度对城市活力进行研究。张梦琪[96]发现了夜间灯光数据中隐含的与城市活力相关的特征量，提出利用灯光数据与多源数据相结合对城市活力进行评价的方法。刘黎、徐逸伦和江善虎[97]结合熵值理论和模糊物元理论，建立了基于熵权的城市活力评价模糊物元模型，并将该模型应用于沿江 15 个县级市的活力评价，这提出了一种综合多种因素进行城市活力评价的方法。对于城市活力的评价研究最重要的成果来自蒋涤非[21]教授，他认为城市活力主要体现在经济活力、社会活力和文化活力，并分别探讨了不同活力的影响因素，为后续的活力评价提供了理论依据。随后，汪海、蒋涤非[24]研究了城市公共空间活力的评价。他们从城市公共空间使用者对空间活力感知的角度出发，通过选取影响城市公共空间活力的因素，在问卷调查的基础上，借助统计分析软件，采用层级分析法和专家打分法，建立了城市公共空间活力的定量评价体系。人文地理学对公共空间环境感知的主要方法是语义差分法，在公共环境活力评价中也得到了广泛的应用。

Marlo M. Cavnar[98]等研究基于文献综述、专家意见和专业标准，开发了一种用于评估公共空间的娱乐设施安全性、状况和维护的工具。调查结果表明，该工具中的所有项目在评估娱乐设施的客观物理特征方面都是可靠且有效的。该工具还提供了一种随时间推移评估公共空间质量的方法，可以针对特定年龄的用户、家庭或个人对其进行修改。Jan Jehl[99]提出从防护性、舒适性、愉悦性 3 个方面共 12 项指标进行城市公共空间品质的评价。马库斯[16]在位置、规模、微气候、视觉复杂性、活动、地面变化、公共艺术、人行道、维修、事物、商业和便利设施方面，共有 168 项指标评估了城市公共空间的人性。J. Gidlow Christopher[100]等开发邻里绿色空间工具(NGST)评估邻里绿色公共空间的质量，评价共分为 5 类，其权重分别为可访问性 18.0%、娱乐设施 16.0%、便利设施 22.0%、自然特征 20.0%、文化 24.0%。Brian Saelens[101]等开发了公共休闲空间环境评价(EAPRS)工具，通过在 21 个公园和 20 个游乐场进行观察，发现 EAPRS 可对公园和游乐场等公共空间的状况进行全面评估，具有较高的可靠性。Rebecca E. Lee[102]等认为邻里环境因素可能会影响体育锻炼(PA)，开发了针对体育运动的公共空间评价工具——PARA 工具，以评估 13 个城市低收入人群的体育活动空间资源。郑丽君[103]等从活力表征维度和公共空间物质环境维度构建了校园公共空间的活力评价体系。这些研究方法对本书研究方法的选取提供了很好的借鉴。

在评价方法的选择上，常用层级分析法(AHP)等构建模型以及综合评价方法来研究公共空间的活力[104]。陈菲[105]研究了严寒城市公共空间景观活力，通过哈尔滨等城市大量的公共空间中人群活动特征调研的基础上采用主成分分析法和因子分析法，获取了评价指标，建立了严寒城市公共空间景观活力评价指标体系，并提出季节差异、空间差异、年龄差异的 3 个不同的活力评价模型。李丹妮[106]指出主成分分析法存在缺陷，采用德尔菲专家咨询法选择评价指标，建立城市宜居社区公共空间评价指标体系，运用层次分析法确定指标权重，运用模糊综合评价方法设计评价过程，从而建立城市宜居社区公共空间评价体系。

上述评价方法为本书的研究提供了选择评价方法的依据。由于目前公共空间活力的评价并未针对特色小镇展开研究，在评价方法的选择上也未针对特色小镇的空间特点、使用者的活动特点进行考虑，因此本书的研究将根据上述特点选择适合的方法进行。另外，上述的评价研究并未对评价体系进行实践的验证，势必会使评价结果产生偏颇，因此，本书将对此进行补充。

1.3.5 国内外研究综合评述

综上所述，国内外关于城市公共空间的理论研究取得了一些有价值的成果，活力的定义越来越完善。活力不再仅仅出现在城市层面，而是开始向较小的空间区域转移，不同角度的研究方法也不同，活力的影响因素也从单一因素转变为多因素。对于特色小镇，也对其定义、作用、创建路径、小镇综合实力评价等方面进行了较为深入的研究。首先，以往对国内外活力特征的研究方法为本书研究提供了参考，同时为研究特色小镇公共空间活力影响机制提供了基础。其次，对于特色小镇的定义、作用、创建路径及小镇综合实力评价的研究为本书研究中的小镇公共空间活力评价指标的选取提供了借鉴。再次，国外小镇建设的成功经验为研究特色小镇公共空间活力的提升提供了新视角。

然而，目前对公共空间活力的研究主要集中在公共空间活力的外在表征，即研究公共空间的人群和人群的活动特征上，对公共空间活力的物理环境影响因素之间的关系等都还缺乏量化研究。其次，对特色小镇公共空间的评价还未展开过任何研究。未来活力的定义也会随着时代的发展发生变化，对特色小镇的研究方向需要向综合角度切入，探究自然山水环境、文化氛围、服务设施等对小镇公共空间活力的潜在影响机制，展开更深入的量化研究。另外，小镇公共空间活力的评价怎样有效地转换运用于小镇的公共空间活力优化提升中，也是本书研究关注的问题。

1.4 研究的目的与意义

1.4.1 研究目的

人的聚集是特色小镇活力产生的源泉，公共空间则是承载人与人日常交往的重要场所，是公众积极参与小镇活动的过程和集体意志的表达。公共空间具有非常多的社会价值，包括加强居民的归属感、凝聚力、提升幸福度、促进交流合作等。高质量的公共空间往往可以营造更有活力的特色小镇。因此，本书将研究视点落在特色小镇公共空间上，旨在为提升特色小镇公共空间品质和管理水平、设计高活力度特色小镇公共空间提供指导。

(1)从小镇公共空活力的外在表征分析入手，探明特色小镇公共空间活力影响机制，可为特色小镇公共空间品质发展提供对策。

(2)通过对特色小镇公共空间进行评价，找出特色小镇公共空间存在的问题，可为特色小镇公共空间管理提供依据。

(3)提出特色小镇公共空间活力优化提升策略，可为设计高活力度特色小镇公共空间提供指导。

1.4.2 研究意义

(1)理论意义

丰富特色小镇及公共空间活力的研究理论。近些年来，特色小镇的发展问题越来越受到人们的普遍关注，特色小镇公共空间的活力衰退是阻碍小镇发展的关键因素，创造宜居的生活环境，创建有吸引力的公共活动环境是小镇未来的建设目标之一。本书以特色小镇作为研究对象，对其公共空间活力进行影响机制与评价研究，不仅可以丰富特色小镇的研究理论，还为公共空间活力的研究提供了新视角。

(2)现实意义

公共空间活力影响机制的研究是为了能使人们更加清楚活力影响因素之间的关系，从而在对公共空间做出改善时，能综合评估它们之间的关系以及所带来的连锁反应，以便更慎重、更科学地对公共空间环境做出改善。公共空间评价是公共空间设计与建设的基础，了解和评估小镇公共空间的活力是合理利用公共空间的前提。公共空间活力评价是为公共空间参与者服务的，对即将开建的项目的评价可为项目更好地实施提供指导性的意见；对已经建设完成的项目的评价可为管理部门如何提升管理和服务质量提供参考；对欲改造的项目可为其提供改建依据。从客观科学的角度，提出特色小镇公共空间活力的评价方法，针对小镇公共空间活力的特征建立有效可操作的评价方法，为小镇公共空间活力的驱动与评价提供建立参考依据，并针对性地提出活力提升策略，促进小镇活力的加强与改善。

1.5 研究的内容、方法和本书的总体框架

1.5.1 研究内容

(1)从人群维度、时间维度、空间维度研究杭州特色小镇公共空间活力特征

特色小镇公共空间的活力表征上的特征主要体现在 3 个方面：公共空间的活动人群、活动时间和活动空间。因此，本书就将从以上 3 个维度对小镇公共空间的活力特征进行研究。

(2)研究特色小镇公共空间活力影响机制

特色小镇公共空间的活力不仅表现在外在表征上，更需要全面厘清内在的影响机制，才能更好地分析小镇公共空间活力的问题。因此，本书还将由外及内根据小镇公共空间的活力特征来探明特色小镇公共空间活力的内在影响机制。

(3)研究特色小镇公共空间活力评价体系

公共空间活力评价将有助于明晰小镇目前公共空间活力的现状和发展程度，更有利于认清现状后进行对应的提升。因此，本书将根据小镇公共空间活力影响机制建立特色小镇公共空间活力评价体系。

(4)实证评价分析研究

实证评价分析研究将有助于其他小镇借鉴利用本研究的评价体系。因此，本书将利用所建立的评价体系进行实践应用，为其他小镇的评价提供示范。

(5)研究杭州特色小镇公共空间活力的优化与提升策略

根据特色小镇公共空间的影响机制和评价体系分析，本书从宏观、中观和微观3个维度分析了特色小镇公共空间活力的优化与提升策略，为小镇高活力特色公共空间的设计提供指导。

1.5.2 研究方法

本书的研究是从特色小镇公共空间外在活力特征观察出发，从观察结果中分析小镇公共空间内在影响因素，进而分析这些影响因素之间的关系与作用机制。将这些结果用于构建特色小镇公共空间活力评价指标的选择中，构建特色小镇公共空间活力评价体系，对实际案例进行评价研究，最后根据研究结果提出杭州特色小镇公共空间活力提升的策略。因此，研究方法的选取主要也从这几项研究内容入手，借鉴相关文献，结合特色小镇的具体特点，选择合适的方法。

(1)运用多元方法研究特色小镇公共空间活力特征。采用游憩行为观测方法(SOPARC)获取特定城镇公共空间的活动数据，运用SPSS对人群混合度、活动多样性、活动频率、活动强度、高峰活动频数和波动系数进行统计分析，运用核密度估算法(KDE)分析空间聚集分布和活动聚集面积，根据活力特征的研究，由外及内分析出特色小镇公共空间活力的影响要素，为影响机制的研究提供基础。

(2)根据特色小镇公共空间活力特征分析结果，设置调查问卷，运用因子分析法和主成分分析法确定特色小镇公共空间活力影响因子的类别。运用Amos建立结构方程模型，研究特色小镇公共空间活力的影响机制。

(3)运用德尔菲法和AHP分析方法进行影响因子贡献率分析，建立特色小镇公共空间活力评价体系。

(4)运用反向验证法对特色小镇公共空间进行实证评价研究和反向验证，确认特色小镇公共空间活力评价体系的可靠性。

1.5.3 本书的总体框架

全书总体框架如图1-1。

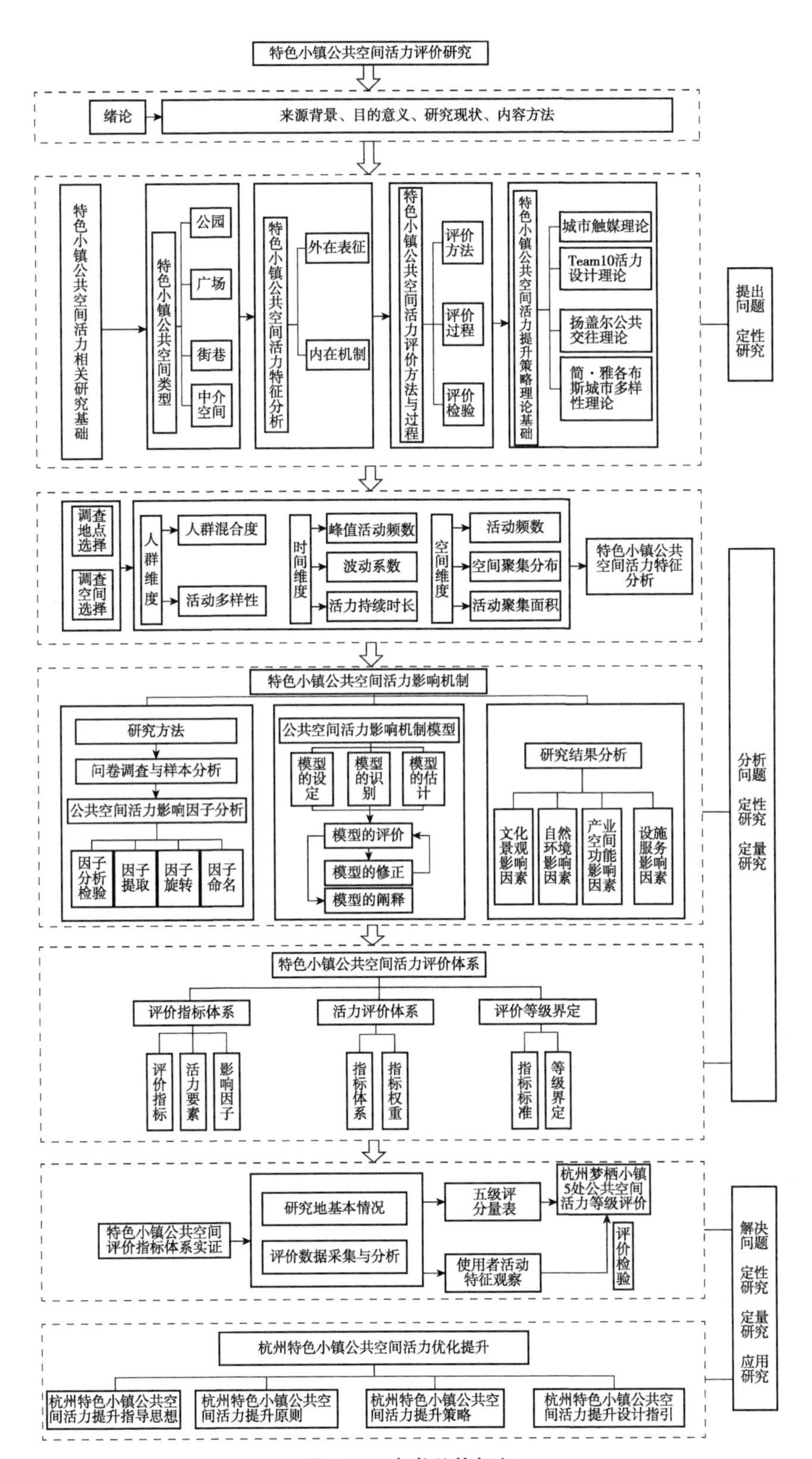
特色小镇公共空间活力评价研究
绪论
来源背景、目的意义、研究现状、内容方法
特色小镇公共空间活力相关研究基础
特色小镇公共空间类型
公园
广场
街巷
中介空间
特色小镇公共空间活力特征分析
外在表征
内在机制
特色小镇公共空间活力评价方法与过程
评价方法
评价过程
评价检验
特色小镇公共空间活力提升策略理论基础
城市触媒理论
Team10活力设计理论
扬盖尔公共交往理论
简·雅各布斯城市多样性理论
提出问题
定性研究
调查地点选择
调查空间选择
人群维度
人群混合度
活动多样性
时间维度
峰值活动频数
波动系数
活力持续时长
空间维度
活动频数
空间聚集分布
活动聚集面积
特色小镇公共空间活力特征分析
特色小镇公共空间活力影响机制
研究方法
问卷调查与样本分析
公共空间活力影响因子分析
因子分析检验
因子提取
因子旋转
因子命名
公共空间活力影响机制模型
模型的设定
模型的识别
模型的估计
模型的评价
模型的修正
模型的阐释
研究结果分析
文化景观影响因素
自然环境影响因素
产业空间功能影响因素
设施服务影响因素
分析问题
定性研究
定量研究
特色小镇公共空间活力评价体系
评价指标体系
评价指标
活力要素
影响因子
活力评价体系
指标体系
指标权重
评价等级界定
指标标准
等级界定
特色小镇公共空间评价指标体系实证
研究地基本情况
评价数据采集与分析
五级评分量表
使用者活动特征观察
杭州梦栖小镇5处公共空间活力等级评价
评价检验
解决问题
定性研究
定量研究
应用研究
杭州特色小镇公共空间活力优化提升
杭州特色小镇公共空间活力提升指导思想
杭州特色小镇公共空间活力提升原则
杭州特色小镇公共空间活力提升策略
杭州特色小镇公共空间活力提升设计指引

图 1-1　本书总体框架

2 特色小镇公共空间活力相关研究基础

本章在参考以往相关研究成果的基础上，确定了与特色小镇公共空间活力构成、影响机制、评价与提升的相关研究基础。以特色小镇公共空间特殊性为依据，从特色小镇公共空间特点着手，分析了特色小镇公共空间的类型与活力构成，比较确定了特色小镇公共空间活力影响机制与评价的研究方法与过程，并提出了特色小镇公共空间活力提升策略的理论基础。本章的具体研究思路如图 2-1 所示。

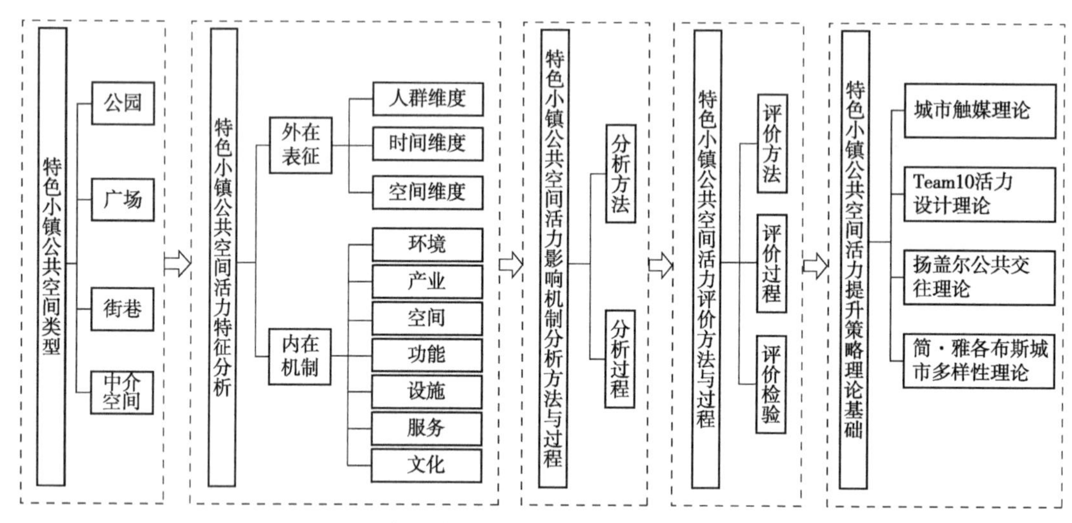

图 2-1　特色小镇公共空间活力相关研究基础框架图

2.1　特色小镇公共空间的类型与特点

2.1.1　特色小镇公共空间的类型

特色小镇的研究涉及建筑学、城市规划学与风景园林学等多学科交叉，具有复杂性和多样性。由于特色小镇公共空间的特殊性会导致人们访问不同类型的公共空间。本书基于风景园林学视角，结合第 1 章学者们对乡村公共空间和城市公共空间的分类，考虑特色小镇住区基本为封闭式管理，外来者很难进入。因此，不将住区公共空间纳入本次的研究类型中来。另外，一些城市公共空间分类中，将滨水公共空间单独作为一个类型来研究，但从风景园林的视角来看，滨水公共空间在城市绿地系统分类中属于公园用地性质，因此，本研究将特色小镇中的公共空间划分为 4 类，分别为公园、广场、街巷、中介空间。中介是一种既有这种事务，又有那种事物，又彼此共存的连接方式或连接系统。它常常被柔化或模糊，由于融合多元事物而具有共性与个性结合的特性，我们称这个区域为中间区域，也称为中介[107]。它是特色小镇整体结构中的一个环节，如屋顶花园、建筑外部环境空间、桥下空间、建筑架空层空间等。本书所研究的特色小镇公共空间类型就包含了以上这4种。

2.1.2 特色小镇公共空间的特点

特色小镇由于其自身的特色性，它与传统的产业园区、行政建制镇有很大的不同，它从建立之初就是以追求特色，发展中高端产业为目标，融合生产、生活、生态于一体，小镇的产业离不开人的集聚，所以小镇中就不仅仅有产业，还需要有生活单元。小镇的面积一般较小[108]，在建设历程、建造方式上具有明显的新建特征与人为规划特征，与城市和乡村的公共空间相比，特色小镇公共空间具有以下特点：

(1)空间形态自由

与乡村和城市公共空间不同的是，特色小镇公共空间的形态更加自由，变化更加丰富，更加利于人们的交流、商业、游览等活动。

(2)商业气息浓厚，功能丰富

每个特色小镇都有自己的产业特色，生产的产品和人们的生活息息相关。利用公共空间对这些产品进行销售和展示，不仅可以加大对产业的宣传，也让公共空间具备了更多功能特性。所以，从这个角度来说，特色小镇的公共空间与乡村或城市的传统公共空间相比，商业气息更浓厚，功能更丰富。

(3)对公共服务设施需求高[109]

从小镇的公共空间使用人群来看，特色小镇除本地居民外，企业、创业人员也是重要居住群体。他们非常重视文化氛围的营造，关注小镇的自然环境和公共空间的景观，追求居住与工作环境的舒适性，特别是公共文化基础设施质量与服务水平。此外，特色小镇还将吸引大量游客进入。因此，不同社会阶层的人群公共空间需求差异较大。

(4)注重文化传承

特色文化是特色小镇的重要标志，是特色小镇公共空间建设的基本特征。一般工业载体比如开发区、产业园区或者产业集聚区等很少会像特色小镇这样重视、注重文化的体现与建设，这是由于特色小镇在成立时就是以文化为基础的，没有文化的根基，特色小镇就不再是特色小镇[110]。从人文角度看，特色小镇注重发展新兴产业，吸引了大批高学历、高技术人才来这里创业，聚集了浓厚的人文氛围。培育小镇的人文特色有利于强化小镇内企业和民众的文化认同与心灵归属[111]。在产业发展和社区公共空间建设过程中，特色小镇提升产业内涵，优化公共空间发展，重视文化传承与积累。文化即是小镇的标签。在特色小镇公共空间的建设和维护中，应深入探索当地特色文化，形成具有鲜明文化特色的公共空间。

综上，从特色小镇公共空间的特点来看，自然环境是小镇公共空间的土壤，产业空间功能是小镇公共空间存在的基础，景观与特色文化是小镇公共空间的灵魂，而设施与社会服务功能是小镇公共空间保持生命力的关键，因此，对于特色小镇公共空间的活力重点要研究的是：自然环境、产业空间、设施服务及文化等内容。

2.2 特色小镇公共空间活力构成

特色小镇公共空间活力的 2 个主要组成部分是人和公共空间。其中，人是公共空间生命力的主体，公共空间是客体。这 2 个要素是必不可少的。如果公共空间没有人类活动，那只是一个纯粹的物质环境，缺乏有机的生命力；人及人所产生的活动是空间活力的外在表征，人的活动特征直接反映了空间活力情况。而公共空间承载了人及其活动，其物质构成之间的差异性影响着人们的活动，具体体现在空间对人及其活动的容纳力和吸引力上，这是空间活力形成的内在机制。

2.2.1 外在表征

特色小镇公共空间活力的外在表征，是指人和活动活力的外在特征。在以往的研究中，公共空间的活力特征往往集中在人的数量和活动时间上，而在特色小镇的公共空间中，更应注重人的活动的多样性和可持续性。从这个角度出发，就可将特色小镇公共空间外在表征活力分解为人群、时间、空间 3 个维度[112]。特色小镇的规划设计者不能强迫使用者使用小镇公共空间，但可以通过在小镇的特定区域创造环境和营造公共空间景观，自觉地加强和引导人们使用公共空间，在公共空间中开展各种活动，进而提升特色小镇公共空间的活力。

因此，本书从活动的人群、活动的时间、活动的地点空间 3 个维度分析了小镇公共空间的活力特征：包括特定的公共空间人群及其活动时间、活动内容、活动的持续性等，具体各个维度的活力分析内容见表 2-1。

表 2-1 各个维度活力分析

活力分析维度	分析内容	分析分法
人群维度	人群混合度	不同年龄的人群混合情况
	活动多样性	空间内各年龄人群活动类别总数
时间维度	高峰活动频数	高峰活动频数
	活动持续时长	一天中活动累计时间
	波动系数	各个时刻活动强度的标准差
	活动频数	活动数量累计总和
空间维度	空间聚集分布	利用 GIS 核密度分析将活动聚集图示化
	活动聚集面积	不同聚集程度区域的面积

2.2.1.1 人群维度

人是特色小镇公共空间活动的主体，人群维度上包括特色小镇公共空间中的人群混合度和他们活动的多样性。

(1) 人群混合度

公共空间使用人群不同，具有如性别、年龄、工作等不同的类别属性，不同的使用者对小镇公共空间使用需求是不同的，尤其是不同年龄组的生理需求和社会角色会导致他们活动需求的差异，所以人群组合的程度主要体现在不同年龄组的组合上。参考联合国最新年龄分段及国内大多数年龄分类情况，将本书研究的使用者年龄层级划分为：0~3 岁为幼儿，一般缺少主观意识，由成年人陪同，无自主活动的能力，但对环境色彩、环境设施都有一定的辨识度；3~14 岁为儿童，本身富有创造力和活力，一般对公共空间的体育设施和儿童游乐设施需求量大；15~44 岁为青年，思想成熟，活动自主意识强；45~59 岁为中年，对公共空间的选择更为挑剔；60 岁以上为老年，一般更愿意在离家较近的公共空间中活动。在一定程度上，不同人群之间的吸引和交流，表明特色小镇的公共空间具有较高的吸引力和活力。

(2) 活动多样性

多样化的人群活动是特色小镇公共空间活力重要的外在特征。小镇公共空间是小镇及周边居民与小镇游客最常使用的空间，不同人群进行到小镇公共空间中产生活动，会吸引其他人群驻足观看，继而引发他们之间的交流与互动，从而产生更加丰富多彩的活动，激发出小镇公共空间更高的活力。

扬·盖尔[113]在《交往与空间》中提道：户外活动分为必要性活动、自发性活动、社会性活动。必要性活动是人们日常生活中必须要发生的活动，它受环境的影响因素最小；自发性活动是指人自主发生的活动类型，如赏景、散步等；社会性活动取决于人与人之间的互动。其中自发性和社会性活动可归为非必要性活动。必要性活动不能体现小镇公共空间的活力值，不必要性活动则反映了公共空间对人群的吸引力。当然，部分必要性活动也可转化为非必要性活动，如必要的上下班遇见熟人引发非必要性的闲聊活动。此外，根据具体调研，特色小镇内活动包括日常工作、饮茶、购物、钓鱼、带孩子、露营、散步、聊天、休息、参观、户外学习、摄影等 20 种，根据具体活动内容，这些活动被划分为日常工作类、观察学习类、休闲类、体育健身类、游玩类、集体活动类和其他七大类。其中，日常工作类属于必要性活动，观察学习类、休闲类、体育健身类、游玩类、集体活动类和其他属于非必要性活动。活动的多样性程度越高，则说明公共空间的活动吸引力越强，越能吸引更多的人参与其中。人群维度上，人群混合度是前提，活动多样性是目的。因此活力在人群维度上的体现主要为活动多样化，具体指标为空间内各年龄人群活动的类别总数。公共空间中活动的内容越丰富，就越能引发其他自发性和社会性的活动，这样将会给小镇公共空间带来更高的活力。活动多样化这个指标既能在特色小镇层面进行分析，也能用于节点空间之间的对比。

2.2.1.2 时间维度

特色小镇公共空间充满活力不仅是体现在场所内瞬时聚集大量人群数量，同时体现在时间动态变化的维度上，即各时段活动人数尽可能多，在一天中高峰时间活动频数大，波动系数尽量小，人群活动的持续时长尽可能增加。具体包括高峰活动频数、波动系数、活力持续时长等指标。

(1) 高峰活动频数

空间中的活动数量是始终在波动的，高峰活动频数主要是指一天中的高峰时段公共空间中的活动数量。

(2) 波动系数

波动系数是指某一公共空间在某一时刻的活动强度的标准差，用来描述活动强度。

(3) 活力持续时长

活力持续时长表示某个特色小镇的公共空间中活力的可持续性，它是小镇每个公共空间每天活动的累积持续时间。在特色小镇中，很难保证每一个节点空间时时刻刻保持有活力，只要特色小镇的公共空间有一定时长的活动，那么此时的公共空间对使用者而言就具有一定吸引力。

2.2.1.3 空间维度

人群是活动的主体，而物质空间是活动的承载物，空间维度靠活动感知，因此，空间维度上的特征是活力最基本的表征，包括活动频数、空间聚集分布和活动聚集面积。

(1) 活动频数

活动频数为一天内人群活动在特定空间中分布聚集的总体数量。活动频数能较直观地体现该空间对活力的吸引容量，一定的活动频数基础能作为活动景点，吸引其他人前来参与活动。

(2) 空间聚集分布

空间聚集分布是指考量空间聚集图式中聚集点的分布，是直观的外表特征，可以直接识图判别，聚集点越多，说明特色小镇公共空间活力越均衡。而活动频数、活动多样性这些指标则需要通过量化来做统计分析。

(3) 活动聚集面积

活动聚集面积是基于小镇公共空间活动聚集的分布来考虑的指标，统计不同聚集程度的面积，高聚集的活动区域越大，则说明该公共空间的活力越高。

2.2.2 内在机制

空间作为活动的物质承载，影响着活动的发生，其外在表征是内在机制的直接体现。因此本书研究的空间活力内在机制为空间环境中能影响活力的发生与变化的因素之间的相互关系[112]。一个有活力的公共空间，应该是其内在各项要素之间具有和谐的组合关系，它们支持人们在公共空间中保持长久的活动，让公共空间的使用者感受到舒适与愉悦，使他们愿意在公共空间中交流交往。

根据文献研究发现影响公共空间活力的因素可以包括公共空间的区位、交通可达性、周边用地性质、周边人群密度等；微观层面包括公共空间自身的尺度、空间的围合度、景观环境、自然山水、服务设施等要素；其他诸如微气候、公共空间的管理水平等[24]也会影响公共空间的活力。公共空间这些因素的不同决定了空间对于人及其活动的吸引力与承载力的不同，从而影响公共空间活力的形成与持续。

但特色小镇公共空间有自身的特征，它与城市公共空间和乡村公共空间不完全相同，因此，本书研究小镇影响公共空间活力的空间物质构成时不能生搬硬套，应考虑特色小镇的自身属性。首先，作为一个特色小镇，特色文化是小镇最鲜明的特色，它是小镇吸引人群的法宝，没有特色文化，特色小镇就不能成为特色小镇。其次，特色小镇的产业功能与空间布局也是影响公共空间使用的因素，特色小镇的生产与生活紧密相连，公共空间提供的服务内容与产业内容息息相关。第三，小镇公共空间的设施及管理服务水平也是小镇公共空间使用的重要因素。最后，任何一个公共空间的使用，都会受到自然环境的影响，作为生产、生活、生态三生融合的特色小镇来说，自然环境因素更是不可缺少。因此，本书将在公共公间外在表征特征分析的基础上，结合以往学者的研究和特色小镇自身的特点，从环境、产业、空间、功能、设施、服务和文化等几个角度对影响特色小镇公共空间的因素进行归纳与总结。

2.3 特色小镇公共空间活力影响机制分析方法与过程

在对特色小镇公共空间活力影响机制的分析过程中，应合理选择正确的分析方法，全面厘清小镇公共空间活力影响因素之间的关系。

根据前文所知，研究特色小镇公共空间活力包含人群、时间、空间 3 个维度的外在特征，以及产业空间、景观、文化等在内的内在影响因素，探究这些影响因素之间的关系，需要选择合适的方法。

2.3.1 公共空间活力影响机制分析方法

对公共空间活力影响机制的分析，以往文献中一般采用定性方式，也有部分研究根据公共空间活力的外在表征分析其影响因素，并进行偏相关性分析，总结影响因素之间的两两关系。相关性分析能对影响因素之间的相关关系做出量化分析，但不能全面深刻地揭示各影响因素之间的作用机制。因此，也有学者利用多元回归分析进行研究，以公共空间活动丰富度为因变量，建立多元逐步回归方程，预测公共空间的行为丰富度，推导行为环境的状态。另外，还可以根据理论与经验构建影响因素体系，再选择合适的案例，利用因子分析方法对公共空间活力影响因素进行实证研究与筛选，最后通过实证判断影响机制。目前在人居环境研究中，对于公共空间的影响机制研究虽然未见采用结构方程模型分析方法的，但在人居环境的其他研究中，对于影响机制的研究采用最多的还是建立结构方程模型，尤其是在对游客满意度的影响机制研究中。综合几种研究方式，由于结构方程模型是通过实地调查检验、修正并分析结构方程模型，获得各潜变量的路径系数，对于各变量之间的内在关系能进行更深入、更全面的分析，因此，本书也将采用构建结构方程模型的方式来研究特色小镇公共空间活力的影响机制。

2.3.2 公共空间活力影响机制分析过程

首先运用 SOPARC 游憩行为观察法和 KDE 核密度估算，根据特色小镇公共空间活力的外在表征分析特色小镇公共空间活力的影响因素，将这些影响因素进行因子分析，运用主成分分析法提取因子，因子旋转后将其分类命名，确定结构方程模型的观察变量与潜在变量。

2.3.2.1 模型设定和识别

采用 AMOS24.0 专业结构方程软件进行相关因素的因果关系概念路径图设定，创建具有观测变量和潜变量的结构方程模型，并对其参数量和路径进行识别[114]。

2.3.2.2 模型的估计与评价

通过对实测数据的拟合，验证模型的有效性。

2.3.2.3 模型修正与拟合

使用结构方程建模软件 AMOS 24.0，得到各因素之间关系的路径图。在测量模型和模型修正的基础上，最终形成模型。

2.4 特色小镇公共空间活力评价方法与过程

在对特色小镇空间活力的评价过程中，应该选择合适的方法，以确保小镇公共空间活力评价更科学、更有效。

2.4.1 公共空间活力的综合性评价方法

2.4.1.1 评价方法

一般公共空间的评价法通常包括 3 类，分别是主观评价法(评价时以专家打分为主)、客观评价法(以统计数据为基础)和综合评价法(以系统模型为主)，见表 2-2。本书采用的特色小镇公共空间评价的方法以综合评价法为主，故需要在综合评价法内选择适合特色小镇公共空间活力评价的方法。在公共空间评价中，常见的综合评价方法常包括主成分分析法、因子分析法、聚类分析法、层次分析法等，不同的评价方法适用对象不同，且有各自的优缺点，见表 2-3。由于本书的评估过程基于对影响机制的分析，因此不再对评估指标进行因子分析，而仅使用层次分析法确定指标体系的权重。

表 2-2 科学评价方法统计[115]

方法分类	评价基础	方法性质	具有代表性的方法
主观评价法	以专家知识为主	定性评价	德尔菲法、专家评议、同行评议、调查研究法、案例分析法
客观评价法	以统计数据为主	定量评价	科学计量法、文献计量法、经济计量法
综合评价法	以系统模型为主	综合评价	因子分析法、主成分分析法、层次分析法、模糊数学法、系统工程法等

表 2-3 常用的综合评价方法[115]

方法名称	方法描述	优点	缺点	适用对象
主成分分析法	将原来众多具有相关性的指标重新组合成互相无关的综合指标	全面性、合理性、可比性，可以解决相关程度大的评价对象	需要大量的统计数据，没有反映客观发展水平	寻找变量间的差异，对有相关性的变量进行分类
因子分析法	用矩阵判断因子载荷，并将因子进行归类	同上	同上	寻找变量间的共性关系，并进行分类
聚类分析法	一种多变量统计技术，运用多元统计方法进行聚类分析	同上	同上	地区发展水平评价

（续）

方法名称	方法描述	优点	缺点	适用对象
判别分析法	根据某一研究对象的各种特征值判别其类型归属问题	同上	同上	主体结构的选择，经济效益综合评价
评分法	按事先规定的衡量标准，对每个因素赋分，最后得到各个指标的总分值	方法简单，易操作	一般用于静态评价	对一些产品的使用感受进行评价
关联矩阵法	用矩阵形式来衡量有关评价指标及其重要度与方案关于具体指标的价值评定量之间的关系	—	—	—
层次分析法	从上至下通过设置目标层、准则层、方案层的各个指标，通过构建判断矩阵最终获得各个指标的权重	可靠度较高，误差小	评价对象的因素不能太多	成本效益决策、资源分配次序、冲突分析等

2.4.1.2 公共空间评价方法

公共空间评价理论一般有 4 个学派，一是经验学派(Experimenter Paradigm)，二是专家学派(Expert Paradigm)、三是认知学派(Cognitive Paradigm)，四是心理物理学派(Psychophysical Paradigm)。在此基础上发展起来 2 种评价模式，一种是根据公众满意度来进行评价，主要考虑使用者自身的喜好，这种评价方法偏向主观评价。另一种是基于专家知识来对公共空间中各要素的重要性进行判断，构建模型，这种评价方法偏向客观评价。但由于在评价时未充分考虑使用者的心理需求，因此也存在一定的片面性。

综上，上述 2 种公共空间评价方法各有优缺点，但若将 2 种方法进行有效的综合，在评价过程中根据不同的评价指标和景观要素采用不同的方法，那么评价结果将更加准确。因此，本书对特色小镇公共空间活力评价中，将采用主、客观相结合的方法进行综合性评价，既有专家知识来判别，又考虑使用者的感受与偏好，使评价结果更加可靠准确。

2.4.1.3 公共空间活力评价方法

公共空间活力评价中，常见的过程是通过问卷调研法、专家评分法获得数据，再利用统计分析法对数据进行分析，即综合评价方法，表 2-4 是公共空间活力评价中较有代表性的工具和方法。针对公共空间活力评价同样选择综合评价方法进行研究，获得数据的方法为问卷调查法，分析数据的方法为层次分析法。

表 2-4 具有代表性的公共空间活力评价工具与方法

研究者	评价工具名称	评价方法	评价目标	主要空间类型
Christopher Gidlow	自然环境评估工具(NEST)	专家意见和现场测试	对可能支持多种用途的多种自然环境进行可行的原位评估，并探索自然环境质量与客观测量的自然环境量以及邻里级社会经济地位(SES)之间的关联	自然环境
Rebecca E Lee	体育活动资源评估工具(PARA)	调查法	社区体育活动资源	社区
Jan Gehl	公共空间和公共生活质量评价(PSPL)	地图标记法、现场计数法、实地观察法、访谈法	公共空间与公共生活	城市公共空间
J. Gidlow	邻里绿色空间工具(NGST)	问卷调查法、统计分析法	邻里绿色空间与公众感知的关系	邻里绿色空间
B. Saelens	公共休闲空间环境评价(EAPRS)	问卷调查法、专家打分法、统计分析法	公园和游乐场的品质	公园和游乐场

2.4.2 公共空间活力的综合性评价过程

参考借鉴扬·盖尔的“公共空间—公共生活调研法”[116]，运用SOPARC游憩行为观察法和KDE核密度估算，综合分析特色小镇公共空间活力的影响因素，并通过结构方程模型分析特色小镇公共空间活力影响机制，然后，根据影响机制结合焦点访谈确定分类评价指标，利用层次分析法确定权重。评价过程共分3个阶段：评价准备、评价执行与评价分析，每个评价阶段都有几个评价步骤。

2.4.2.1 评价准备

准备阶段就是通过SOPARC游憩行为观察法观察使用者的活动行为，运用统计分析和核密度估算法分析行为特征后，提出特色小镇公共空间活力的影响要素。然后，根据分析得出的影响要素设置调查问卷，获取使用者对特色小镇公共空间中活力影响因子的感受程度，后通过因子分析和主成分分析，确定特色小镇公共空间活力因素，建立结构方程模型，并通过模型的评估和修正，研究得出特色小镇公共空间活力影响机制，根据影响机制结合相关文献提出相关的评价因子。

2.4.2.2 评价执行

根据准备阶段分析出的评价因子构建评价指标体系。评价指标体系是对影响评价对象的所有因素的集合，能够反映对象的绝大部分信息。评价指标和指标体系是对被评价对象特征的全面、真实、准确的反映，是评价结论准确、科学、可靠的基本保证，结合文献分析和访谈，确定公共空间活力评价指标(一级指标)、活力要素(二级指标)和影响因素(三级指标)，根据三级指标的关系，最终建立特色小镇公共空间活力评价指标体系。将评价指标体系与相应的指标权重相结合，建立评价体系。指标权重是衡量评价指标相对重要的一种方法。如图2-2所示，层级分析法(层次分析法)用专家咨询问卷获得数据的重要性的判断，建构判断矩阵；按照指标体系中的各级指标的分类，通过计算获得评价指标的权重值和活力要素的权重值；将指标体系与指标权重相结合，获得最终的特色小镇公共空间活力评价体系；根据评价体系将评价结果划分成5个等级[117]，分别为优秀、良好、中等、合格和不合格，并建立5个等级的标准。

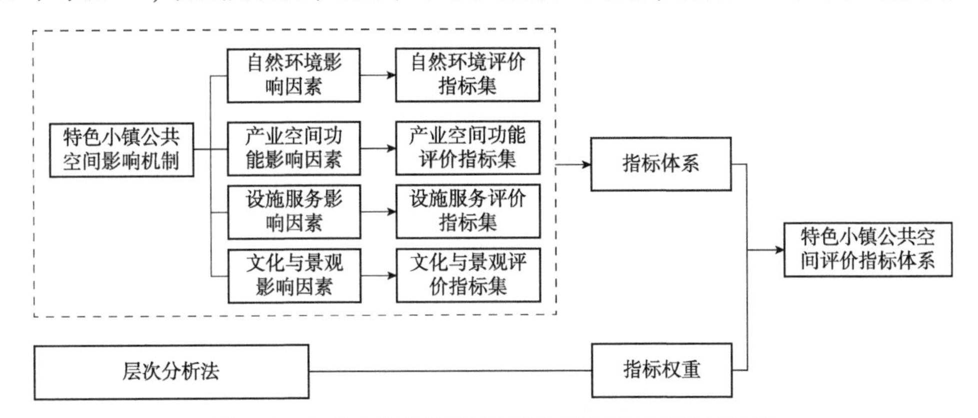

图 2-2 特色小镇公共空间活力评价指标体系构建过程

2.4.2.3 评价实践

这个阶段主要是对实际案例进行评价。如图2-3所示，本研究对杭州梦栖小镇5个公共空间样本(玉鸟流苏创意街区、小镇客厅外部公共空间、世界工业设计大会永久会址外部公共空间、文化艺术中心外部公共空间、万科未来城游园)利用特色小镇公共空间活力评价指标体系进行评价和等级评定。

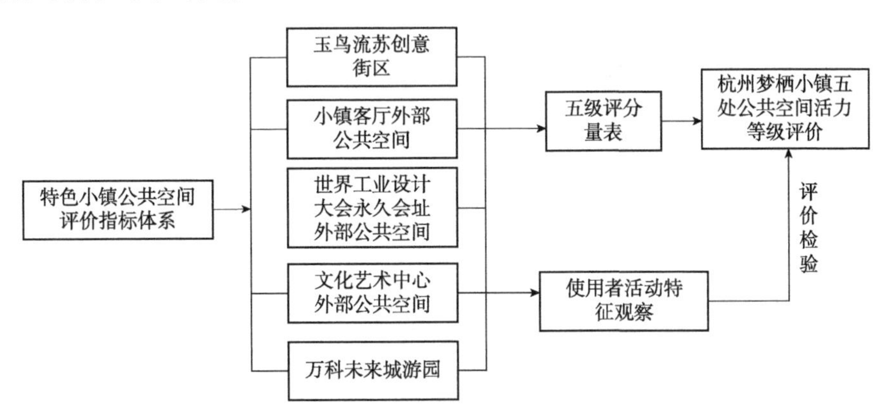

图 2-3 实证特色小镇活力等级评价过程

2.4.2.4 评价反向检验

再次通过游憩观察法观察梦栖小镇5处公共空间的使用者活动特征，比对梦栖小镇公共空间活力的外在表征与评价结果，反向检验评价体系的有效性。

2.5 特色小镇公共空间活力提升相关理论支撑

通过对特色小镇公共空间的活力进行评价和分析，发现特色小镇公共空间的问题，以优化和增强特色小镇公共空间的活力。

2.5.1 城市触媒理论

城市触媒理论[118]是引导城市发展的城市设计理论，是在20世纪末由美国城市设计师Wayne Attoe和Donn Logan发展起来的。触媒理论在城市建设中的应用主要是通过设置催化点，通过建设一个点来触发城市其他点的发展。由于市场经济为城市触媒理论提供了基础，因此，在市场经济体制下，城市触媒对城市建设起着激发与引导作用[119]。城市触媒就如同一种“催化剂”，加入新的元素，就可以引起城市发生变化，触媒元素可以改变其周围的环境元素，并积极地催化对城市原有文脉的理解和维护，催化剂的作用已成为许多城市实现活力的一种方式。在城市开发中，触媒是一个可以引起蝶变反映的因素，在变化中，它与新旧元素相互起着作用，激发引导城市活力的产生。韦恩·阿托(Wayne Attoe)认为，现代城市更新的过程过于激进，他们拆除了太多的传统建筑，并用外来建筑形式代替了它们，并且这个过程没有注意持续的影响。触媒理论假定引入新元素可以激发城市现有元素的活力，因此无须拆除传统建筑。综上所述，城市触媒理论就是利用新元素引起城市整体良性发展的模式。政府应合理分配和有效控制城市发展的“触媒点”，以满足城市居民的合理需求，促进城市活力的提升。

因此，在特色小镇的公共空间活力优化与提升中，可以利用城市触媒理论，设置催化要素，激发具有相互关联性的小镇要素，从而运用这些因素对小镇公共空间的影响而激发小镇的活力。

2.5.2 Team 10有关活力的设计理论

1953年，在国际现代建筑协会(CIAM)第九次会议上，史密森一家直接批评教条式的功能主义，并提议用新的社会组织结构代替《雅典宪章》的功能主义原则。参加会议的年轻建筑师通过研究北非传统住区形式“Kasbah”，研究了日常生活与空间格局之间的关系。然后，先驱建筑师组建了施工团队“Team 10”[120]，并于1959年宣布结束CIAM。“Team 10”是20世纪50年代至80年代欧洲年轻建筑师探索建筑实践和建筑发展方向的平台，并且是现代主义中后期最重要的先锋团体之一。尽管“Team 10”强烈批评了早期现代主义者所追求的功能主义原则，但它本质上以修订的方式提出了现代主义建筑运动的思想和主张。他们认为，社会的凝聚力和效率取决于非常便利的交通条件，现代城市的复杂性则主要表现在各种和谐交织的流动方式中。“一个城市有着各种流量的复杂节奏”，是指自然景观、人们的步行活动和汽车的流量的和谐交织。广场街巷等作为城市生活的媒介，是环境的“发生容器”，在现代城市的密集建筑群中，为了避免富有人情味的居住环境和人际交往交流行为消失，恢复遗忘的街道观念，重新激发富有活力的街区，“Team 10”设想了城市中具有多层空中街道，所有的空中街道都是步行街，它们联系着一系列场地。

对于一个有自己特色的小镇来说，“Team 10”的活力设计理论更有意义。特色小镇的形态精巧，体量小，兼具着旅游功能。宽阔的步行系统更加适合小镇的活力发展，也更有利于小镇各个场地的联系。

2.5.3 扬·盖尔的公共交往理论

扬·盖尔[113]在《交往与空间》一书中，批评了欧洲城市和居民区的功能主义。他敦促人们不仅要注意室内功能空间，还应该更加重视室外空间以及空间中的人和活动。他指出：室外空间的生活是需要仔细考虑的要素。在《新城市空间》[121]和《公共空间·公共生活》[116]中，扬·盖尔(Jan Gael)使用图表、问卷和其他调查方法来分析特定城市，尤其是哥本哈根，这种调查分析方法已在许多城市中应用。这本书提供了一种研究城市生活质量的方法，以及如何联系和启发城市生活的空间质量和特征。在《公共空间·公共生活》一书中，扬·盖尔[116]对哥本哈根步行街(区)改造前后的城市公共空间活动进行了调查和分析，从其研究中可以看出，人们总是愿意在那些街道界面丰富、城市公共设施完善、功能多样化的公共空间中开展活动。

通过观察和分析居民的生活空间，扬·盖尔从形态学的角度对产生活力的行为进行了详细而有效的研究。考虑到研究城市或居住区公共空间的活力日益重要，他进一步指出，城市公共空间的活力是城市建设和发展的基础，个人或群体的日常互动和生活需要充分考虑到这一点，因为个人或群体的日常生活构成了城市公共空间的活力之源。对于特色小镇来说，小镇居民、创业者及旅游者的日常需要与日常生活是小镇公共空间活力的源泉，对小镇公共空间人们的活动行为的调查与分析，是优化与提升小镇公共空间活力的基础。

2.5.4 简·雅各布斯的城市多样性理论

简·雅各布斯[14]从城市街道入手进行研究，认为城市街道的活力正是在这种人与人的活动及生活场所相互交织的过程中获得的。她认为具有丰富的多样性的街道和居住区都充满了活力，反之，缺乏多样性的城市或住区则会失去活力。

雅各布斯指出，大规模的城市改造计划会破坏城市的多样性。她建议在开发实践中，规模越小越好。因此，她的理论非常适用于特色小镇公共空间的活力营造，因为特色小镇体量小而精，可以充分吸收小镇居民参与到小镇公共空间的设计中来，丰富小镇的功能使用，促进小镇的活力提升。

雅各布斯认为城市的活力只有透过多元化的活动才能达到，这样才能促进活动的融合，而多元化的活动能吸引更多人参与活动，从而促进城市活力的产生。

在特色小镇的公共空间中，尤其要注重公共空间中人流量的多少，关注多种活动与功能的混合，关注不同人群在公共空间中停留的时间和开展活动的种类，这样不仅能提升小镇的土地集约使用，打造多样且个性化的活动空间，更能提升小镇的公共空间活力。

2.6 本章小结

本章主要对特色小镇公共空间活力评价及提升的相关理论进行了研究，研究包括明确了特色小镇公共空间的分类、特点和活力构成，给出研究特色小镇公共空间活力影响机制的方法和过程，提出影响活力评价的主客观因素，并给出公共空间活力评价的研究方法、评价分类和分析过程，所做研究取得以下结果：

(1)根据分析以往的文献，结合特色小镇公共空间特点，明确了公共空间活力的内涵和外延，确定了特色小镇公共空间分类，主要包括公园、广场、街巷与中介空间。

(2)明确了特色小镇公共空间的特点，将特色小镇公共空间与城市公共空间、乡村公共空间进行了对比分析。

(3)分析了特色小镇公共空间的活力构成，包括外在表征与内在机制。其中，外在表征主要通过人群、时间、空间 3 个维度来进行分析，而内在机制则包括环境、产业、景观空间、功能、设施、服务和文化等几个角度。

(4)通过对现有公共空间影响机制方法的分析，结合特色小镇公共空间的特点，确定了采用建立结构方程模型进行分析特色小镇公共空间活力的影响机制。

(5)通过对现有公共空间评价方法的梳理，结合特色小镇公共空间活力评价的外在表征与内在机制影响因素的内容和范围，针对特色小镇公共空间的特征，确定了公共空间活力的综合性评价方法，明确了特色小镇公共空间活力的主客观评价分类，制订了特色小镇公共空间活力的定性与定量评价过程。

(6)通过对城市触媒理论、“Team 10”有关活力的设计理论、扬·盖尔的公共交往理论、简·雅各布斯的城市多样性理论的分析，探寻了特色小镇公共空间活力优化提升的策略，为特色小镇公共空间的活力优化提升提出了指导性的策略，这将为后面的研究开展奠定坚实的理论基础。

3 特色小镇公共空间活力调研及特征分析

根据第 2 章的分析结果，特色小镇公共空间的活力构成分为外在表征与内在机制。本章将研究特色小镇公共空间的外在表征，以期通过外在表征探寻小镇公共空间活力的内在机制。

在选定杭州特色小镇研究样本的基础上，通过游憩行为观察法（SOPARC）观察获得特色小镇公共空间使用者的活动数据，对这些数据从人群、时间、空间 3 个维度分析小镇公共空间活力特征，运用 SPSS 统计分析人群混合度、活动多样性、活动频数、活动强度、高峰活动频数、波动系数，运用 ArcGIS 核密度估算法（KDE）分析空间聚集分布和活动聚集面积，通过特色小镇公共空间活力特征的分析，提出特色小镇公共空间活力影响要素。具体研究思路如图 3-1 所示。

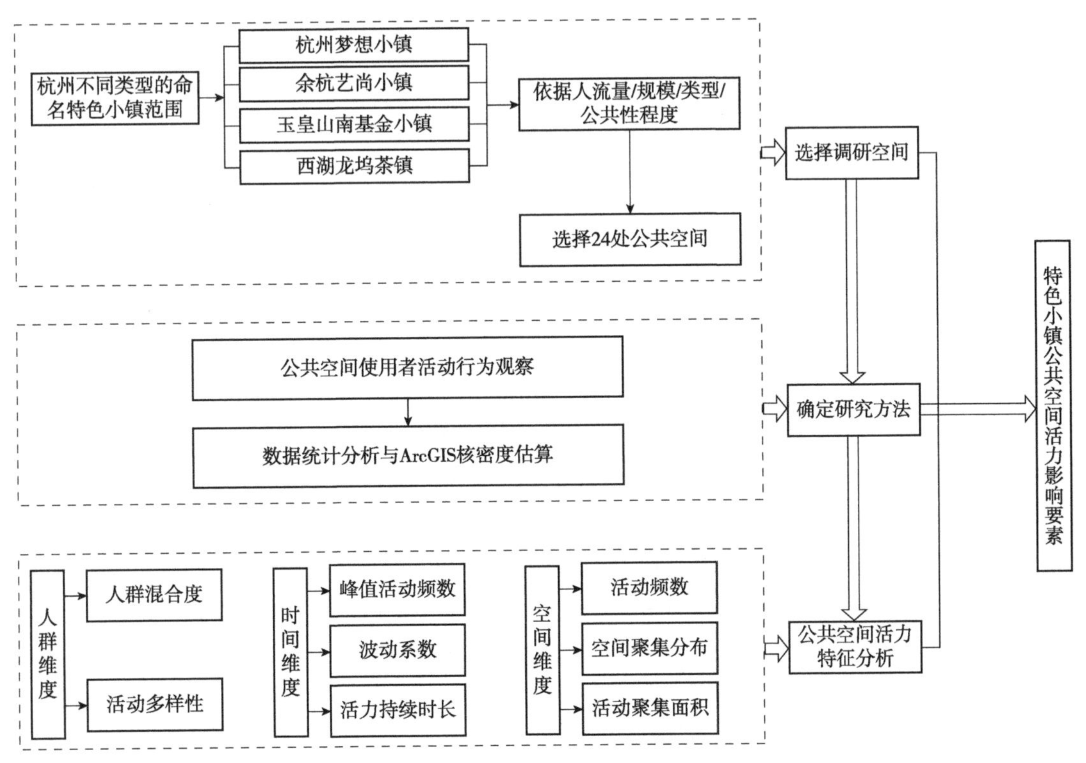

图 3-1　特色小镇公共空间活力调研及特征分析框架图

3.1 研究样本选择

3.1.1 研究地点的选择

根据公共空间类型和用户群体的差异，选择研究的小镇和公共空间。

特色小镇发源于浙江，是我国新型城镇化过程中的创新探索和实践。浙江特色小镇发展过程中积累的宝贵经验，可供其他地区学习和借鉴[122]，所以，本研究的关注点聚焦在浙江。从浙江省特色小镇官网公布的数据显示(图 3-2)，浙江省 3 批省级特色小镇命名名单共 22 个，杭州 8 个，占比 36.4%；创建名单 97 个，杭州 21 个，占比 21.65%，从数量上看，杭州地区远远超出了其他地区。同时，在浙江省公布的省级特色小镇考核结果中，杭州特色小镇成效显著[123]，优秀率均在 30%以上，是浙江省 11 个地级市平均水平的 4 倍。因此，本研究将选择杭州的特色小镇作为样本点。

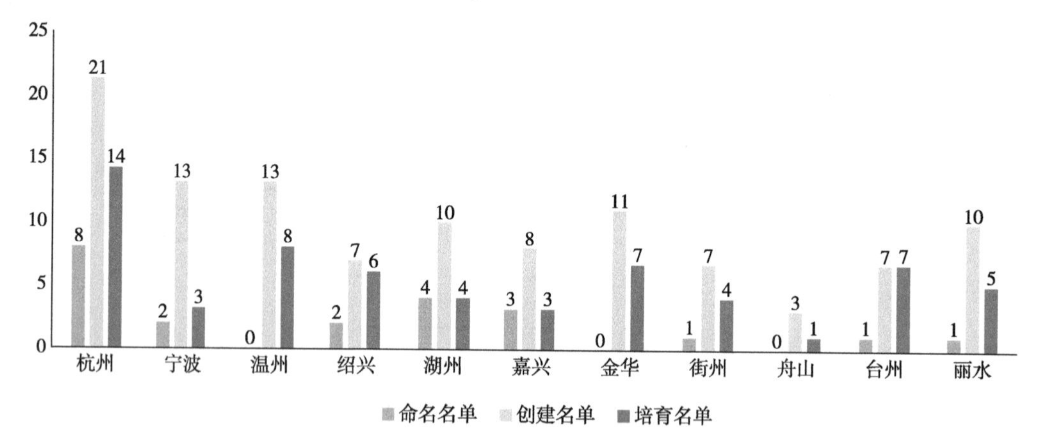

图 3-2 浙江省级特色小镇分布

根据杭州的特色小镇建设情况，结合浙江特色小镇官网提供的浙江省特色小镇发展指数、浙江特色小镇网络影响力指数等，并参考 2017 年浙江省质量技术监督局发布的《浙江省地方标准特色小镇评定规范》(DB33/T 2089-2017)，本书分别选取杭州市 8 种产业类型的小镇进行调研，但由于杭州高端装备制造类、健康类和环保类小镇还属于创建或培育阶段，建设不成熟，故不对这几类小镇进行研究。因此，共选择 5 类小镇进行调研，其中数字经济类比较成熟的有杭州梦想小镇、云栖小镇和萧山信息港小镇，但 3 个小镇对比，梦想小镇的公共空间人流量更大，因此研究更具有意义。时尚类小镇中，杭州有余杭艺尚小镇和西湖艺创小镇，但通过现场调查，艺尚小镇公共空间人流量更大，因此研究的样本小镇选择余杭艺尚小镇。金融类小镇选择上城玉皇山南基金小镇，历史经典类小镇选择西湖龙坞茶镇，旅游类小镇选择建德航空小镇。在通过现场的调查中，发现建德航空小镇公共空间较少，主要的游览场地均需要收费，公共性不够，因此，将研究的样本小镇最后确定为样本 A 梦想小镇、样本 B 艺尚小镇、样本 C 玉皇山南基金小镇和样本 D 龙坞茶镇。从 4 个小镇的地理位置来看，它们都位于杭州城区范围内，其中杭州梦想小镇位于城西，紧邻阿里巴巴总部，在杭州城西科创大走廊的核心位置，地理区位显著。余杭艺尚小镇位于余杭高铁站旁，属于余杭区临平的重点发展区域。玉皇山南基金小镇位于杭州市上城区的南宋皇城遗址核心区。龙坞茶镇位于杭州城西，是杭州西部旅游的重要区域，小镇的地理位置如图 3-3 所示。

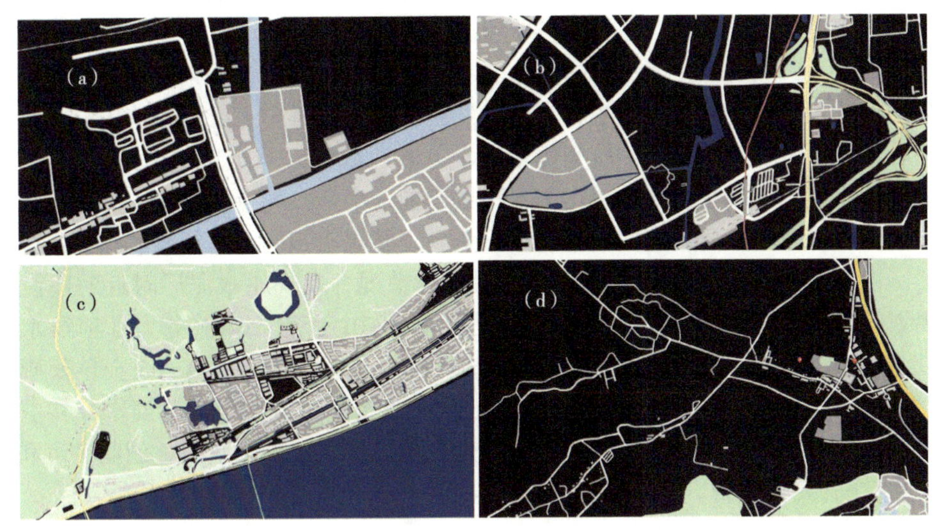

（a）梦想小镇区位（b）艺尚小镇区位（c）玉皇山南基金小镇区位（d）龙坞茶镇区位

图 3-3　研究地区位图

3.1.2　研究空间的选择

3.1.2.1　选择原则

公共空间的主要用途之一是为使用者提供散步、社交、玩耍、跑步、跳舞、表演、打球等各类型活动的环境，因此，本书确定的调研对象是能为小镇及周边居民或游客提供休闲、娱乐、健身等活动的公共空间。根据研究目的，确定了以下空间选择原则：

(1) 选择人流量相对大的公共空间

本书确定的调研对象是使用者较多的公共空间，以具有代表性。

(2) 选择不同类型的公共空间

由于本书研究的公共空间包括公园、广场、街巷、中介空间，因此，在确定调查的空间中，应尽可能地包含以上 4 种类型的公共空间。

(3) 选择不同规模的公共空间

规模差异常常会引起被使用频率、被喜爱程度的变化[105]，因此，为了在调查中获取更客观的结果，应尽可能选择不同规模大小的公共空间。

(4) 选择公共性程度高的空间

特色小镇由于其特殊性，有些公共空间的使用仅限于特殊人群，因此，在选择时就应该尽量避免。虽然小镇住区内也有众多公共空间，但在实地调研中发现住区都实行了刷卡进入，非业主很难进入到住区的公共空间中，因此，本研究暂不把住区内公共空间纳入其中。在确定了调查的 4 个特色小镇后，通过查找小镇的规划范围，寻找上述限定的区域中所有公共绿地和公共空间；在分析的基础上，选择研究空间，然后对所选空间进行逐一考察，最后确定。

3.1.2.2 样本 A：梦想小镇

梦想小镇位于浙江省杭州市余杭区仓前街道良睦路附近，处于杭州城西科创大走廊的中心地带。梦想小镇总规划面积 3km²，交通便捷。距离西溪客运码头 5.2km，距离杭州绕城高速西线五常出入口 6.3km，距离杭州东站 23km[124]。作为杭州市未来科技城规划中的重要组成部分，靠近未来科技城的发展主轴，并且发展次轴穿于其中，处于仓前中心，是未来科技城的中心地区，毗邻西溪湿地、杭州师范大学等几所院校以及全球知名的阿里巴巴总部，区位优势十分明显。小镇在规划中提出需要保留仓前 3 个最具特点的区块，即生态公园、仓前古镇和水泥厂。因此，公共空间的调查就聚焦到了梦想小镇的生态公园、仓前历史古镇及原水泥厂。根据上述调查原则，经过现场查看建设情况，发现原水泥厂附近的建设仍未完成，原规划的生态公园也未建成，于是最终确定了 A-01 梦想小镇服务大厅前滨水公共空间、A-02 创业集市、A-03 欧美金融城公园、A-04 仓前历史街区、A-05 金色长廊外部公共空间(希望田野)共 5 处公共空间(图 3-4)。其中梦想小镇服务大厅前滨水公共空间属于广场空间，仓前历史街区属于街巷空间，欧美金融城公园属于公园空间，创业集市和金色长廊外部公共空间(希望田野)属于中介空间。其具体空间景观特征见表 3-1。

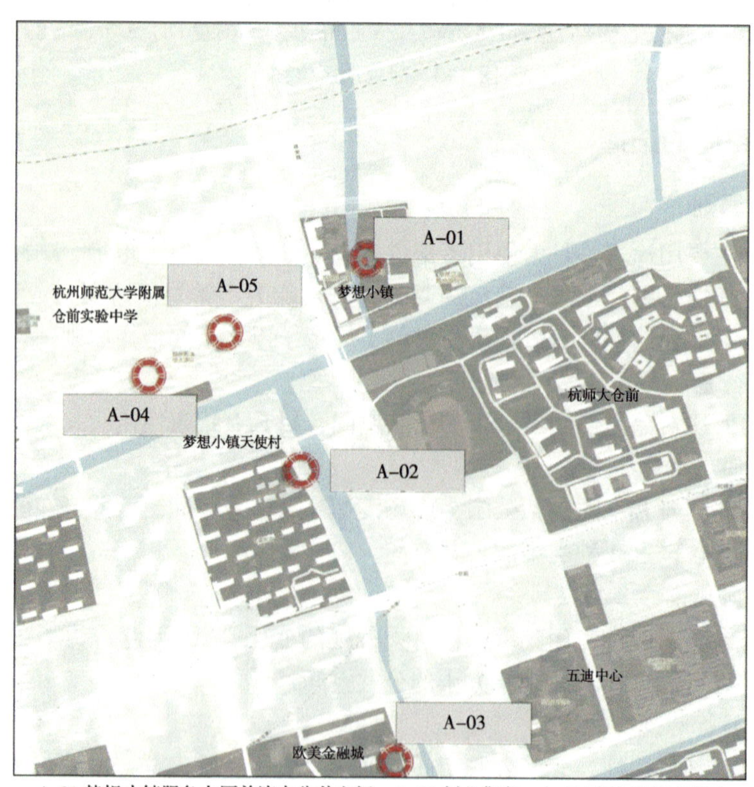

A-01 梦想小镇服务大厅前滨水公共空间　A-02 创业集市　A-03 欧美金融城公园
A-04 仓前历史街区　A-05 金色长廊外部公共空间（希望田野）

图 3-4　梦想小镇公共空间选点图

表 3-1 梦想小镇样本公共空间主要景观特征

空间编号	航拍照片	样本空间平面范围图	主要景观特征
A-01		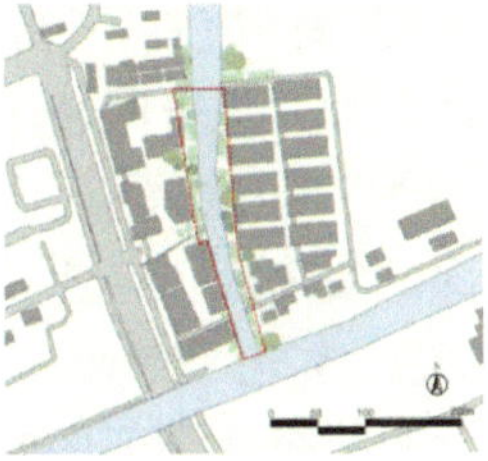	沿余杭塘河支流而设，以大面积铺装为主，设4层台阶。充分体现场地的亲水性，沿河布置了少量茶座、休息坐凳，沿河种植多排香樟，植物品种相对比较单一，铺装以石材为主，局部为木平台
A-02		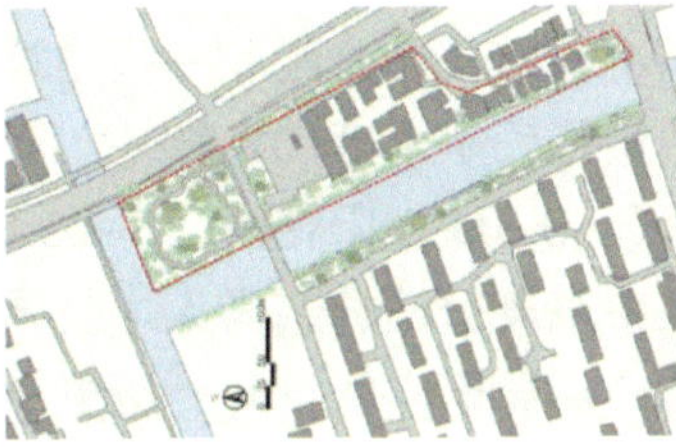	包括一部分滨水景观和一部分建筑围合空间。其中建筑围合空间内以铺装为主，提供了户外乒乓球桌及少量休息坐凳。滨水空间设置了一些台阶式种植花坛
A-03		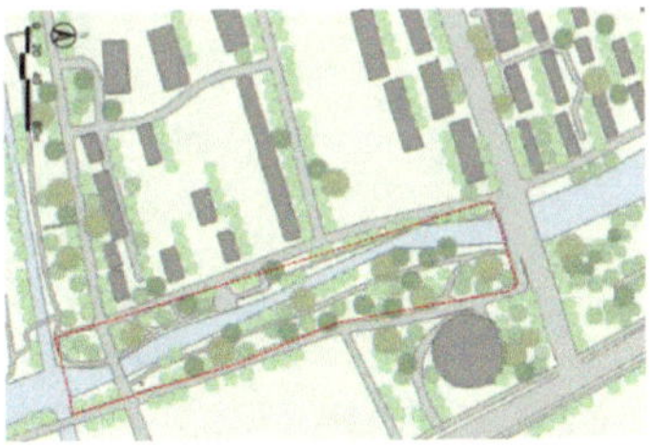	公园沿闲林港而设，台阶式草坪提供多层休憩观景空间，沿河设漫步道，局部设置亲水平台，和道路的交接处种植了大量的植物，以至于在路边意识不到这个公园的存在
A-04		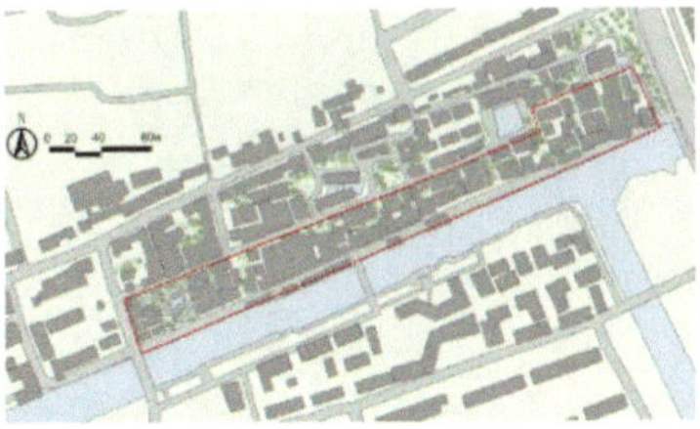	仓前历史街区提供了大量商业消费空间，节点的古典庭院及沿余杭唐河的大量亭廊提供了大量的休闲游憩空间
A-05		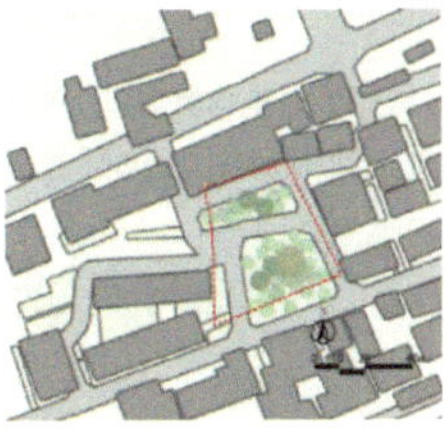	中间为一大片农田。主要分季种植景观性较强的农作物，金色长廊前设置规则水池，周围布置休息坐凳和智能垃圾箱，周边有大量云体验商业设施

3.1.2.3 样本B：余杭艺尚小镇

余杭艺尚小镇位于浙江省杭州市余杭区，规划范围约3km^2。艺尚小镇空间规划格局是“一中心三街区”。一中心是指艺尚中心，三街区分别是历史街区、文化街区和艺术街区。文化街区主要是汇集服装设计大师，集合服装产业，同时打造生活休闲的中心，已经建成的项目有：主题街区、品牌生活馆、创意秀场、孵化园区等，旨在打造国际化休闲生活样板区。艺术街区是服装企业总部的集聚区、企业转型升级的大舞台。整个街区呈现“三面九院U谷”的江南院落风格，将创意、文化、产业、游乐、居住融为一体。而历史街区则是小微服装企业的成长空间，它们为服装企业总部的时尚产业链提供支撑。建筑是将原有的29幢民居改造而成，传承了江南水乡建筑风貌。

因此，对其公共空间活力的调查聚焦在艺尚中心户外公共空间及3个街区的公共空间中。在调查中发现，艺尚小镇的几处公园和一些建筑外广场也具有较高的人气，因此，根据上述公共空间选取原则，最终确定了B-01东湖公园、B-02小镇客厅外部公共空间、B-03历史街区、B-04艺术街区、B-05太阳花海、B-06国际秀场前广场、B-07艺尚人才公园7处公共空间(图3-5)。其中东湖公园、艺尚人才公园、太阳花海属于公园空间，小镇客厅外部公共空间、国际秀场前广场属于广场空间，历史街区属于中介空间，艺术街区属于街巷空间。其具体空间景观特征见表3-2。

B-01 东湖公园　B-02 小镇客厅外部公共空间　B-03 历史街区　B-04 艺术街区
B-05 太阳花海　B-06 国际秀场前广场　B-07 艺尚人才公园

图3-5　艺尚小镇公共空间选点图

表 3-2　艺尚小镇样本公共空间主要景观特征

空间编号	实景照片	样本空间平面范围图	主要景观特征
B-01			拥有临平新城最大的湖面，沿河设置多个景观平台、桥梁，植物种植丰富，水质较好，沿河布置多处草坪空间和休闲咖啡厅。公园围绕余杭大剧院，现代个性的建筑为公园增添了亮色
B-02		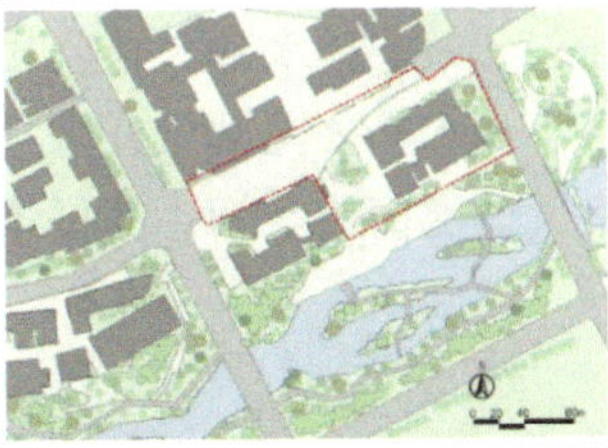	设置了停车位和铺装以及大片的草坪空间，绿色四周均设置了休息坐凳
B-03		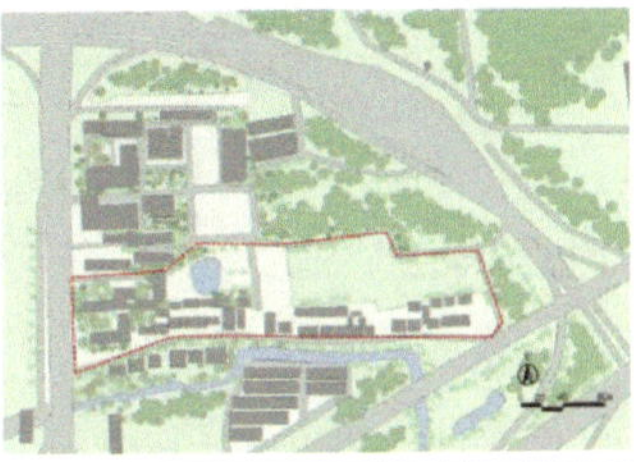	街区以带状空间为主，在中段设置一大型休息亭，里面展示了艺尚小镇历史街区的诸多文化历史
B-04			艺术街区分为两个区域，一个区域是由建筑围合构成的街区，以铺装为主，点缀了大量艺术装置，和其中的艺术工作室相得益彰。第二个区域是沿河的绿地空间，沿乔司港而设，有多条沿河步道与小型休憩空间
B-05		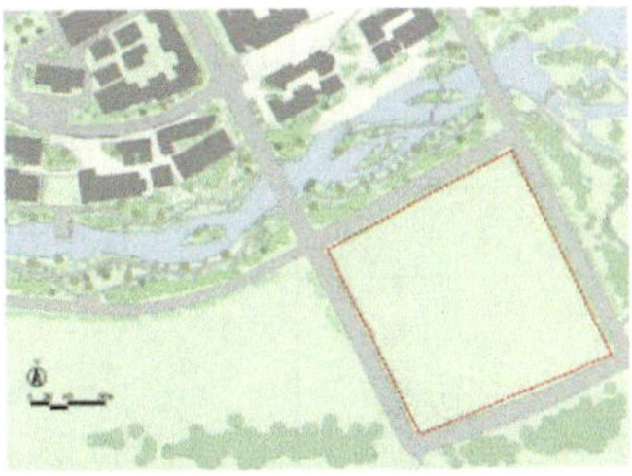	太阳花海是一处农业公园景观，使现代的小镇又保留了一部分农业基地。花海中观花品种有柳叶马鞭草、向日葵、油菜花等，花海内有纵横交错的游步道，休息茅草亭点缀其间
B-06			以大面积广场铺装为主，可以开展大型公共活动。铺装的形式丰富多变，因此，不会让人觉得单调死板，广场上设置了大量阵列树池，局部设置小空间，提供休息坐凳

3.1.2.4 样本 C：玉皇山南基金小镇

杭州市上城区的玉皇山南基金小镇，位于杭州西湖景区内，区域内自然风光优美，南宋皇城遗址也位于小镇的核心区。小镇规划面积 5km^2，核心区块 3km^2，于 2015 年 5 月正式揭牌，是浙江省首批正式命名的省级特色小镇，区域内不仅具有城湖风光、更有深厚的南宋历史文化，兼有全省金融产业资源的全面支撑。小镇内自然人文环境十分优美，汇集了三大公园，即八卦田遗址公园、白塔公园、江洋畈生态公园，是小镇的绿色名片。因此，调查的公共空间就聚焦在这 3 个公园中。根据上述调查原则，经过现场查看，最终确定了 C-01 八卦田遗址公园、C-02 小镇水景公园、C-03 南宋官窑博物馆外部公共空间、C-04 白塔公园、C-05 江洋畈生态公园、C-06 凤凰山路风情街、C-07 甘水巷 7 处公共空间(图 3-6)。其中白塔公园、江洋畈生态公园、八卦田遗址公园、小镇水景公园属于公园空间，南宋官窑博物馆外部公共空间、甘水巷属于中介空间，凤凰山路风情街街巷空间。其具体空间景观特征见表 3-3。

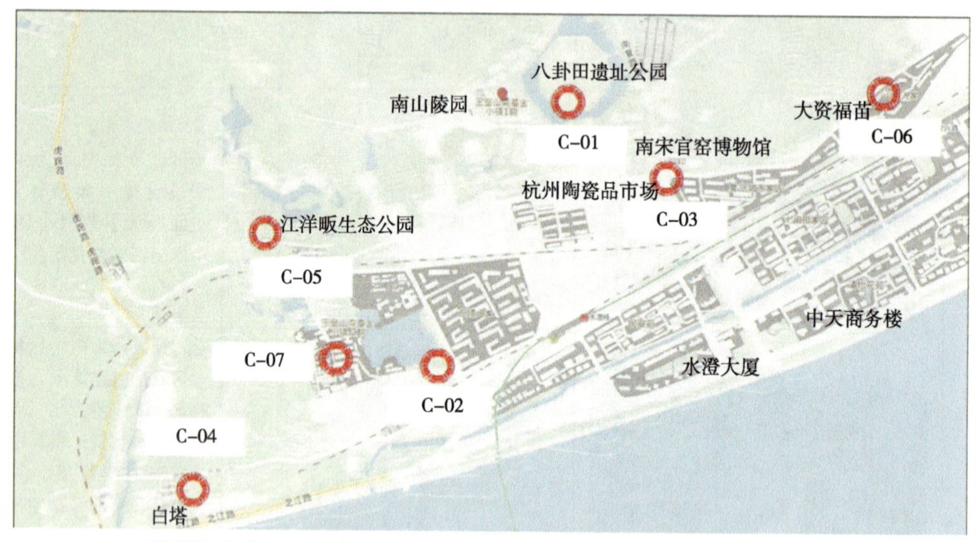

C-01 八卦田遗址公园　C-02 小镇水景公园　C-03 南宋官窑博物馆外部公共空间　C-04 白塔公园
C-05 江洋畈生态公园　C-06 凤凰山路风情街　C-07 甘水巷

图 3-6　玉皇山南基金小镇公共空间选点图

表 3-3　玉皇山南基金小镇样本公共空间主要景观特征

空间编号	航拍照片	样本空间平面范围图	主要景观特征
C-01			曾是南宋皇家籍田的遗址，总面积约 90 余亩*。整个八卦田遗址公园分为四大板块区域：主入口广场区，古遗址保护区，农耕文化体验区，农耕文化展示区

注：*1 亩 = 1/15 公顷。

（续）

空间编号	航拍照片	样本空间平面范围图	主要景观特征
C-02			园内水景见长，水域面积达3500平方米。园内河道上有安家桥，通灵桥、双堤拱月析，增设水榭、四角亭、休闲长廊等
C-03		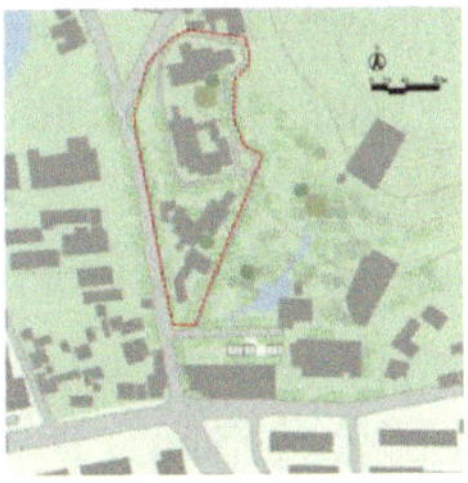	外部公共空间为园林式环境，拥有小桥溪水，花木遍植，中间点缀各种亭廊和休息坐凳，为前来博物馆参观的游人提供了游览休憩的公共场所
C-04			以全国重点文物保护单位“闸口白塔”为核心及历史建筑和铁路工业遗存保护与利用为重点的一座城市文化公园。可乘坐公园内的小火车、铁路自行车游览白塔、铁路遗存、龙山闸旧址、南宋地经广场等名胜史迹
C-05		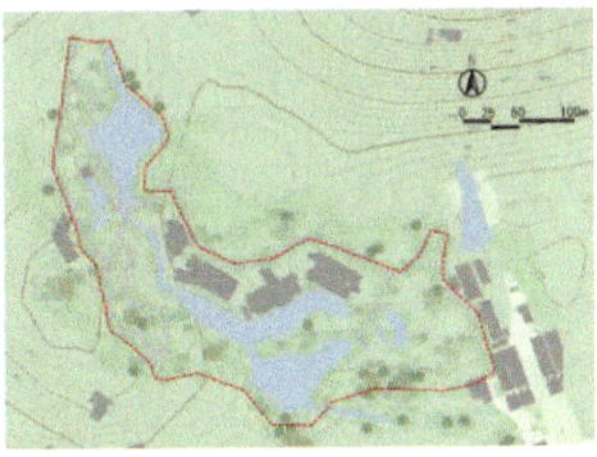	它的前身是西湖淤泥疏浚的堆积场，现在是以垂柳、湿生植物为主的次生湿地。设栈道和观景休憩亭及长廊，内有杭帮菜博物馆和杭帮菜餐厅
C-06		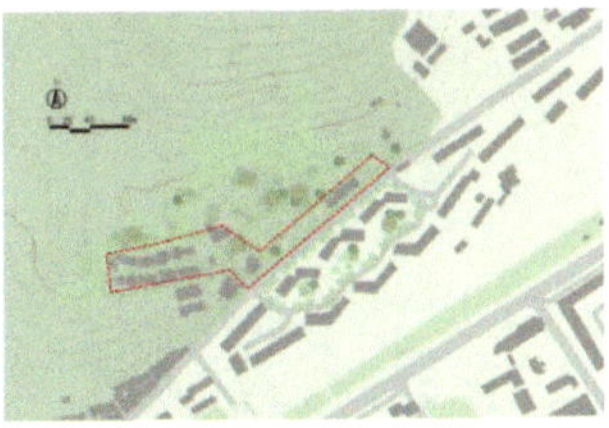	街上有很多创意文化馆，是集红色文化、南宋特色文化产品、创意生活、古都风情汇聚之地，集休闲、购物、文化体验于一体的创意街区
C-07		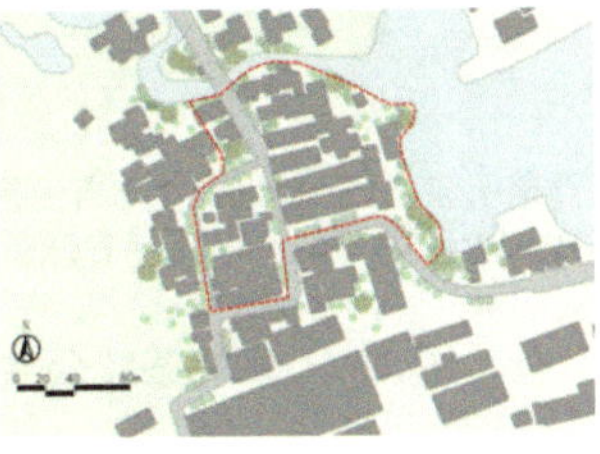	甘水巷两侧遍布各类基金投资公司，纵横交错的河道穿梭其中，设多处喝茶交流的小空间。

3.1.2.5 样本D：龙坞茶镇

龙坞茶镇位于杭州城西，离杭州市中心武林商圈约15km，四周茶山环绕，茶园连绵起伏，是整个杭州地区最大的“西湖龙井”产地。整体规划建设面积3.2km^2，特色产业主导方向为历史经典。小镇汇集了农夫山泉总部、中国茶产业联盟、浙江大学茶叶研究所科技转化中心等150余家重点特色茶企、茶机构。小镇以“茶旅文化”为主题，推出艺术和民俗、茶和民宿、水和氧吧等多条旅游线路。联合国粮农组织政府间茶叶工作组办事处(FAOIGG-Tea)落户于此，将在国际茶博区筹建世界茶文化博览园，成为中国“茶叙外交”基地。其功能规划是“一带两廊六区”的布局。一带是指龙坞文化商业带；两廊分别是两条生态廊：龙门溪生态廊和上城埭溪生态廊；六区是生活配套区、国际茶道园、茶镇客厅、国际茶镇产业港、绿色科技总部基地、茶主题文化园。因此，调查的焦点在文化商业带的公共空间及国际茶道园、茶主题文化园、生活配套区中。在对场地进行实地调研后，根据上述调查原则，最终确定了D-01浮茗听泉广场、D-02品土当代艺术馆及周围外部公共空间、D-03兔子山公园、D-04早春探茶广场、D-05骑行公园5处公共空间(图3-7)。其中兔子山公园、骑行公园属于公园空间，浮茗听泉广场、品土当代艺术馆及周围外部公共空间属于广场空间，早春探茶广场属于中介空间。其具体空间景观特征见表3-4。

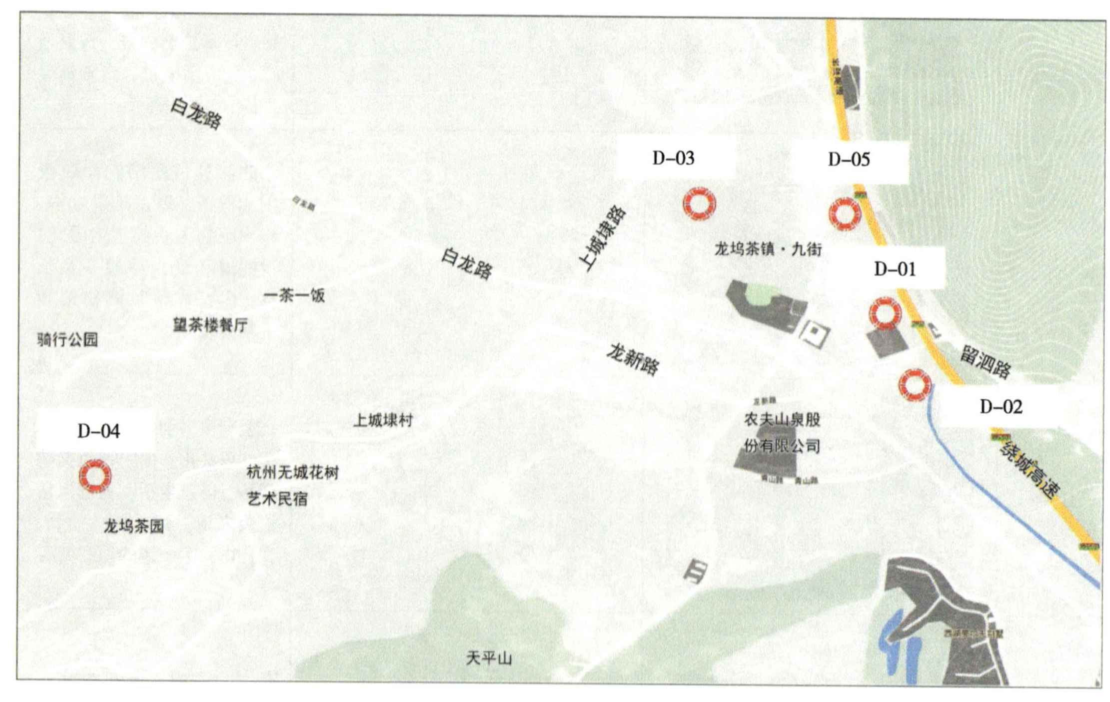

D-01浮茗听泉广场　D-02品土当代艺术馆及周围外部公共空间
D-03兔子山公园　D-04早春探茶广场　D-05骑行公园

图3-7　龙坞茶镇公共空间选点图

表 3-4 龙坞茶镇样本公共空间主要景观特征

空间编号	航拍照片	样本空间平面范围图	主要景观特征
D-01			广场上设置多个露天茶吧，东面有一大片休闲草坪，边缘种植树木，与远山相连
D-02			设置了许多户外就餐茶饮的空间，也可举办艺术展。周边设大型停车场
D-03			整个兔子山生态公园包含 4000m^2 主广场及景观，以及 3500m 长的游步道。公园保留原有茶田，有着浓浓的茶园风情
D-04		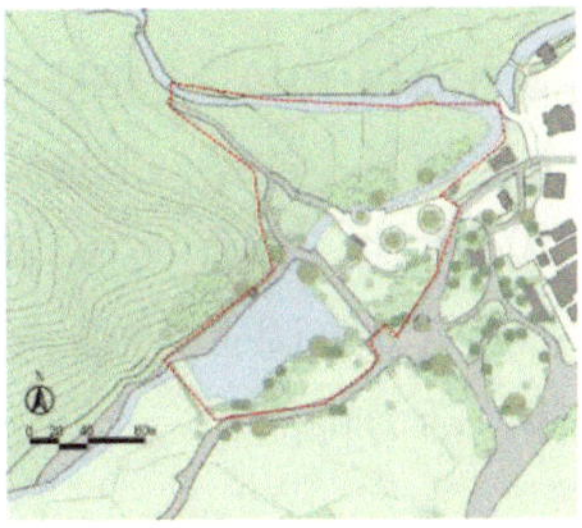	全长 5.9km，单圈累计爬高 176.5m，全程最大坡度 26%，最大落差 107m。整条赛道风光宜人，以原有的农用小径为主体，串联村道、山林、茶地、光明寺水库等
D-05		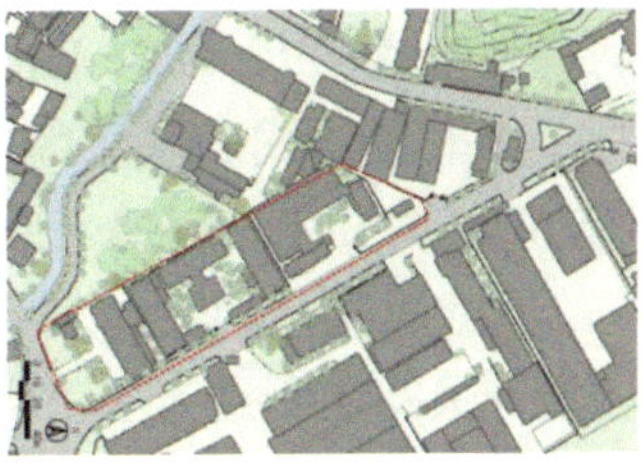	广场周边拥有多个“茶主题”业态，同时辅以品牌餐饮、咖啡吧，是集吃、住、行、游、购、娱一体的茶体验街区

根据以上分析确定，4 个小镇的公共空间共调查 10 个公园、5 个广场、3 个街巷、6 个中介空间，具体见表 3-5。由于本书是要研究特色小镇公共空间的活动特征，因此，选择调查空间时尽可能挑选使用人数多的空间，而没有苛求每个小镇需要具备 4 种类型的公共空间。

表 3-5 调研的公共空间列表

<table>
<tr><th></th><th>公园空间</th><th>规模/m²</th><th>广场空间</th><th>规模/m²</th><th>街巷空间</th><th>规模/m²</th><th>中介空间</th><th>规模/m²</th></tr>
<tr><td rowspan="2">样本 A</td><td rowspan="2">A-03</td><td rowspan="2">11000</td><td rowspan="2">A-01</td><td rowspan="2">6795</td><td rowspan="2">A-04</td><td rowspan="2">15278</td><td>A-02</td><td>29973</td></tr>
<tr><td>A-05</td><td>2796</td></tr>
<tr><td rowspan="3">样本 B</td><td>B-01</td><td>77954</td><td>B-02</td><td>12624</td><td>B-04</td><td>75109</td><td>B-03</td><td>12500</td></tr>
<tr><td>B-07</td><td>91251</td><td rowspan="2">B-06</td><td rowspan="2">10649</td><td rowspan="2">—</td><td rowspan="2">—</td><td rowspan="2">—</td><td rowspan="2">—</td></tr>
<tr><td>B-05</td><td>46289</td></tr>
<tr><td rowspan="4">样本 C</td><td>C-01</td><td>88309</td><td rowspan="4">—</td><td rowspan="4">—</td><td rowspan="4">C-06</td><td rowspan="4">11479</td><td rowspan="3">C-03</td><td rowspan="3">6888</td></tr>
<tr><td>C-02</td><td>21245</td></tr>
<tr><td>C-04</td><td>81081</td></tr>
<tr><td>C-05</td><td>114592</td><td>C-07</td><td>16256</td></tr>
<tr><td rowspan="2">样本 D</td><td>D-03</td><td>198670</td><td>D-01</td><td>5522</td><td rowspan="2">—</td><td rowspan="2">—</td><td rowspan="2">D-04</td><td rowspan="2">4263</td></tr>
<tr><td>D-05</td><td>84267</td><td>D-02</td><td>13741</td></tr>
</table>

3.2 数据获取与分析方法

在特色小镇公共空间活力的构成中，人是活动的主体，为了探究公共空间中人在 3 个维度的活动特征，具体的研究方法如下：首先，形成一个完整明晰的调研框架，针对具体的研究样本明确具体的调研内容与调研方法；其次，针对调研框架的每一项内容具体确定公共空间使用者的活动观测，获取数据；最后，将调研获取的数据进行量化分析，并用归纳比较分析法来确定哪些要素影响了公共空间的活力特征。

3.2.1 调研方法与数据获取

本书主要是通过游憩行为观察法[125]（SOPARC）对特色小镇公共空间活力外在表征进行调研。游憩行为观察法是一种非参与式的基于瞬间批量抽样技术的身体活动类信息收集量表[126]，由美国圣地亚哥州立大学 Mckenzie 博士率先提出。运用这一方法，观察者能够在不干扰被观察对象的情况下，对观察场地内活动对象的基本特征以及他们的活动时间、活动内容等进行观察记录。它的设计最初主要是为了获取社区公园人们体育锻炼的信息，逐渐应用到其他外部环境的行人活动特征调查观察中，主要包含活动者信息与活动区域的特征信息。活动者信息包括：性别、年龄、种族、活动项目类型、活动状态；活动区域的特征信息包括：区域可否进入、区域可否利用、活动是否有组织性及组织程度、活动是否配有设施、活动是否有监督等[127]。SOPARC 被提出以来，在城市公共空间研究领域得到了广泛应用，能够较好地获取公共空间使用者的行为特征。本书借鉴 SOPARC 观察法对使用者在选定的 4 个特色小镇的 24 个公共空间范围内的活动行为进行不打扰的观察，标记公共空间内活动人群的性别年龄、活动类别以及活动的具体位置、活动时段等信息，现场先通过照片记录，然后再输入 GIS 平台进行数据统计(如图 3-8～图 3-11)。观察于 2018 年 3 月 16 日、3 月 17 日、5 月 1 日、5 月 12 日、6 月 6 日、8 月 22 日、9 月 12 日、10 月 20 日、11 月 26 日、12 月 31 日在已选取的 24 个公共空间内进行，时间选择考虑了春夏秋冬 4 个季节，由于是对公共空间人群活动的调研，因此均选择晴天或阴天。每个公共空间均调查收集收据 2 次，一次在工作日，一次在节假日，共计 48 场次。每个公共空间视场地大小安排调查人员 2～8 名，采用无人机航拍和观察员观察相结合。由于余杭艺尚小镇位于余杭高铁站附近，属于航拍禁飞区，因此，只能由观察员观察记录。于当天的 6：00—8：00、10：00—12：00、15：00—17：00、19：00—21：00 观察，在这 4 个时段中分别选取 30min，完整地记录下 4 个特色小镇使用者在公共空间的活动情况，4 个时间段均覆盖所有公共空间的所有亚区域。在观察记录使用者活动时，记录 4 个关键信息：活动人群、活动地点、活动时段、活动内容。活动人群包括人群的性别、年龄等信息；活动内容是指使用者的具体活动，如交谈、带孩子、散步等，并判断活动类别是必要活动还是自发性或社会性活动；活动地点指通过照片定位，准确地在 GIS 平台记录活动点的位置；活动时段是指使用者在 4 个观察时段中哪个时段活动。48 场次的观察中共搜集 7549 个样本数据(观察记录照片见附录 A 中图 A-1～图 A-7)。整个数据搜集过程借鉴 SOPARC 流程进行，以确保数据具有较高的准确度。

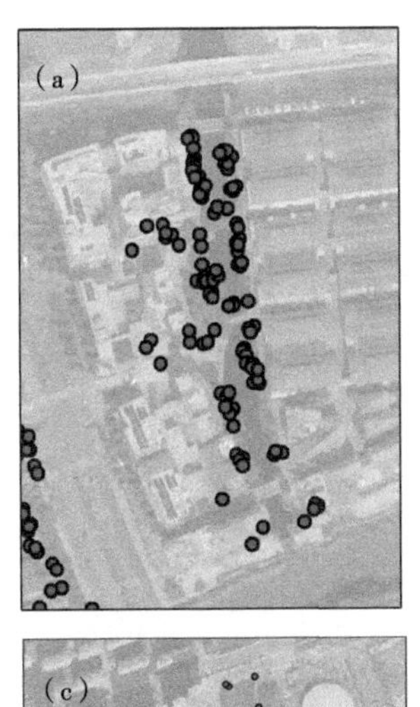

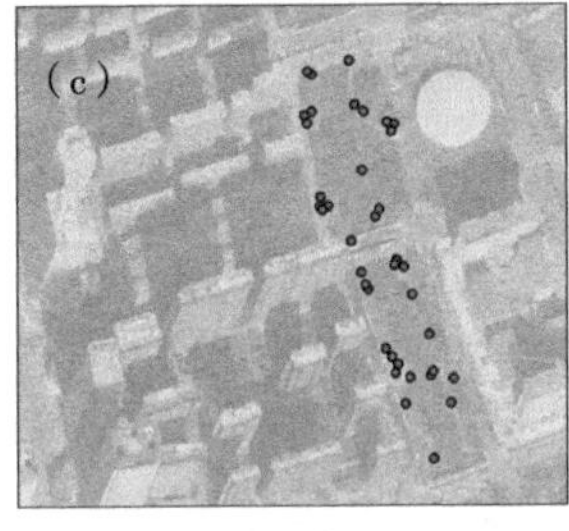

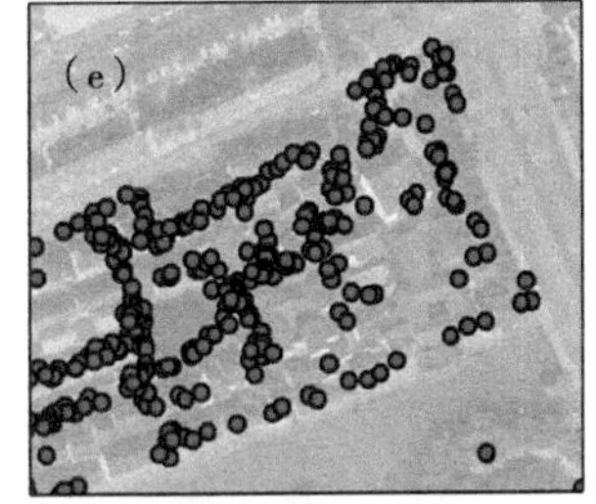

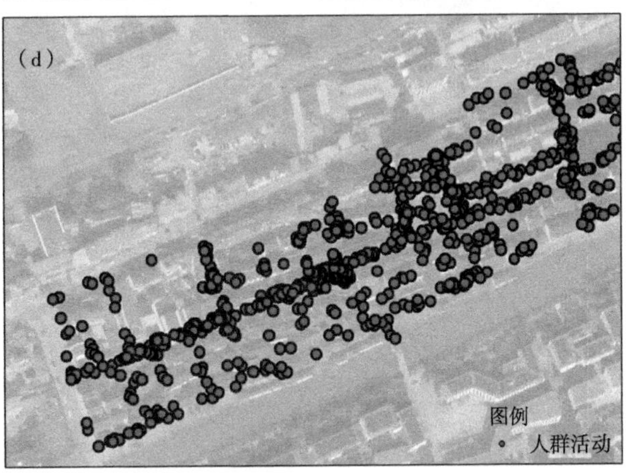

(a) A-01 空间 (b) A-02 空间 (c) A-03 空间
(d) A-04 空间 (e) A-05 空间

图 3-8 梦想小镇公共空间内人群分布图

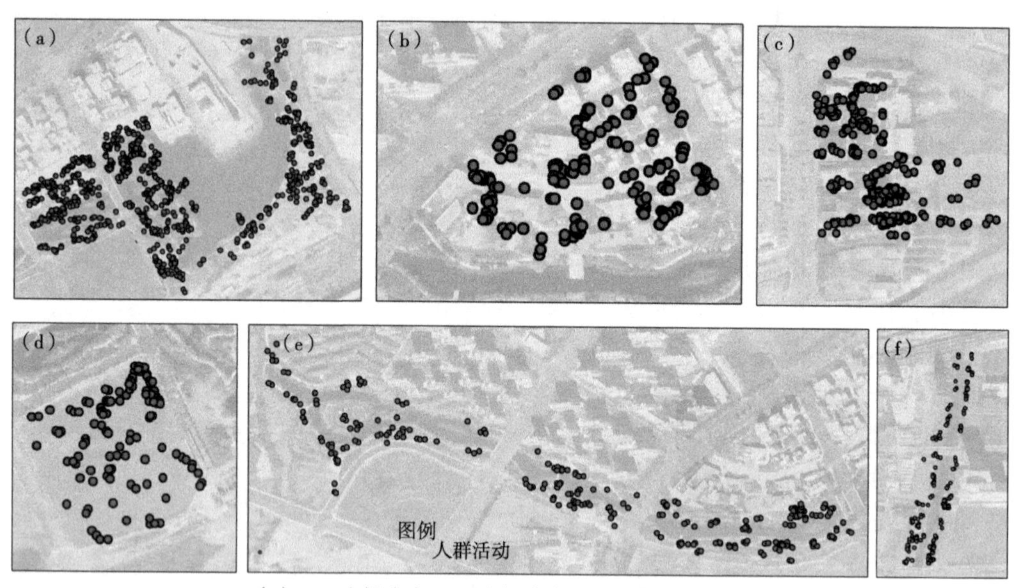

（a）B-01 空间（b）B-02 空间（c）B-03 空间（d）B-04 空间
（e）B-05 空间（f）B-06 空间

图 3-9　艺尚小镇公共空间内人群分布图

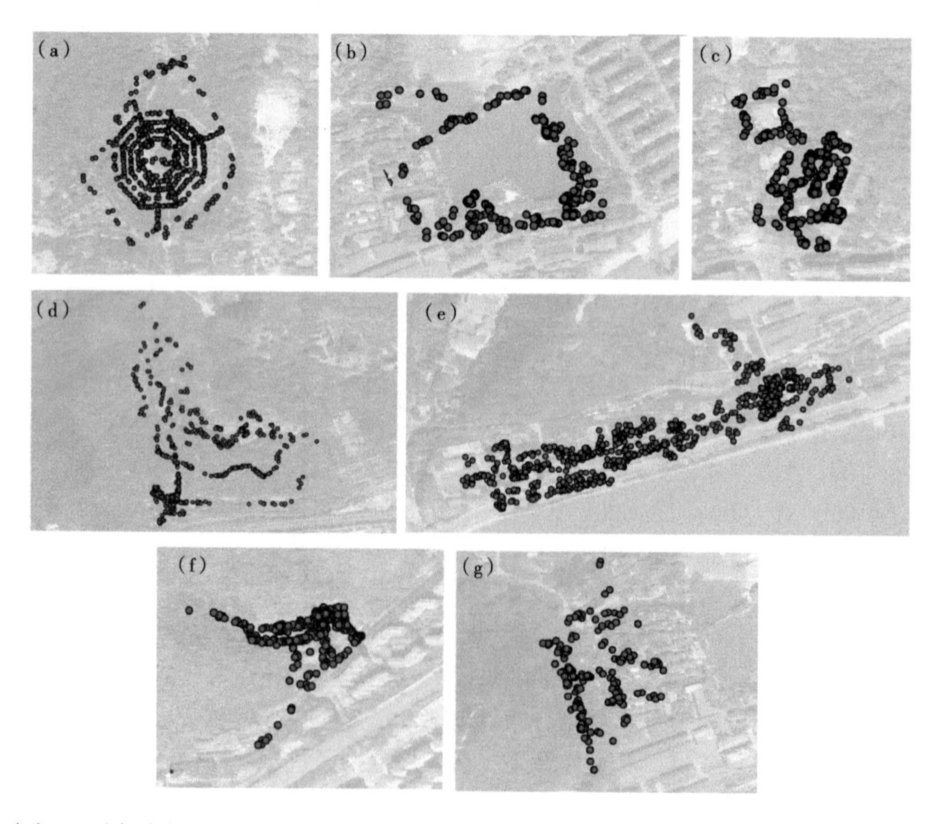

（a）C-01 空间（b）C-02 空间（c）C-03 空间（d）C-04 空间（e）C-05 空间（f）C-06 空间（g）C-07 空间

图 3-10　玉皇山南基金小镇公共空间内活动人群分布图

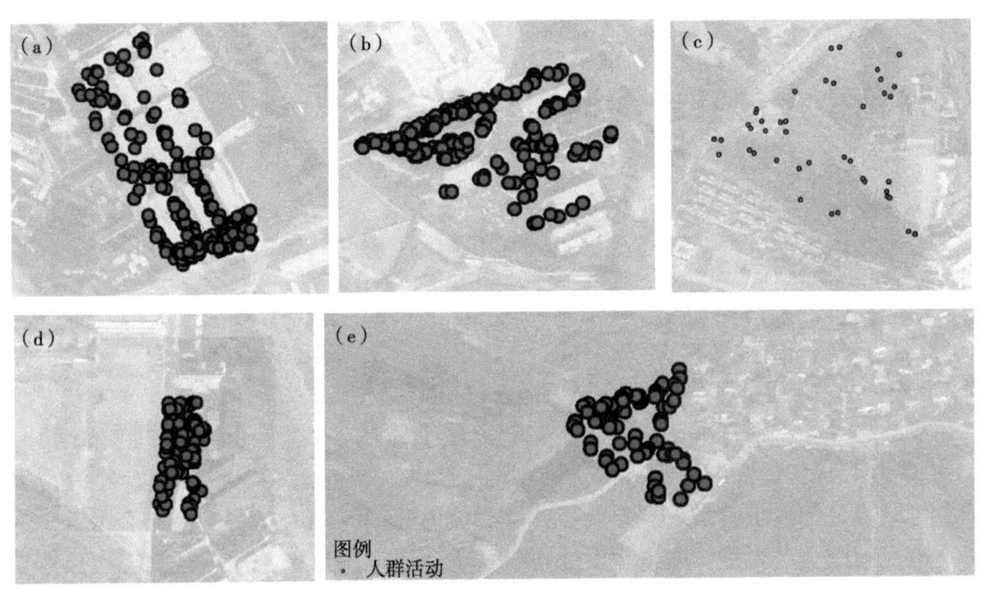

（a）D-01 空间（b）D-02 空间（c）D-03 空间（d）D-04 空间（e）D-05 空间

图 3-11 龙坞茶镇公共空间内活动人群分布图

3.2.2 数据处理及分析方法

通过调查数据分析特色小镇公共空间人群、空间、时间 3 个维度的活力特征。通过 SOPARC 观察法获得的使用者活动数据可直接进行数据统计并运用定量方法进行分析，其中人群维度的活力特征采用 spss25.0 进行数据统计分析，首先进行各项指标的频率计算，然后运用堆积图判定数据间的关系。时间维度和空间维度的活力表征来源于数据统计的图表化以及 ArcGIS 核密度估算法 KDE(Kernel Density Estimation)的图示化。KDE 是用于分析点事件分布状态的方法之一，其目的是通过将事件的强度转化为密度并进行估值，从而使空间中的点事件产生光滑的表面密度，避免观察信息缺失[128]。通过有效寻找“热点”的方式，KDE 能够直接反映使用者在不同公共空间的密度分布，计算公式为：

$$f(x) = \sum_{i=1}^{n} \frac{k}{\pi x^2}\left(\frac{d_{ix}}{r}\right) \qquad (3-1)$$

式中：$f(x)$——点 x 的密度；

r——搜索半径；

d_{ix}——点 i 到位置 x 的距离；

k——权重值。

本书通过对离散的小镇公共空间游客分布数据进行内插，通过滤波窗口对邻近的对象进行搜索，生成小镇公共空间内使用者的密度分布图。

3.3 特色小镇公共空间活力特征分析

根据第 2 章内容可知，特色小镇公共空间活力外在表征分为人群、时间、空间 3 个维度，因此本章从这 3 个维度分别分析样本特色小镇公共空间的活力特征。

3.3.1 人群维度活力特征分析

3.3.1.1 人群混合度分析

从观察的统计数据来看(表 3-6)，4 个特色小镇的 24 个空间中幼儿使用者占比为 3.5%，儿童为 16.6%，青年为 46.4%，中年为 23.4%，老年人为 10%，中青年人占据绝对比例。主要原因是特色小镇是新兴事物，往往更能够吸引年轻人，而老年人使用较少的原因可能是小镇目前以生产为主，融入生活还不够，老年人还很难把小镇的公共空间当作是日常休闲活动的主要场所，同时，小镇的交通可达性也存在一定的问题，公共交通、步行系统等都影响了老年人在小镇的活动；另外小镇对老年人的服务设施、活动场所还提供得不够。由此可以看出，交通可达程度、设施配套等都是影响小镇公共空间活力的因素。从 4 个小镇的 24 个空间来看(图 3-12)，样本 A 和样本 C 小镇的公共空间人群混合度最高。样本 A 的 A-1、A-2 空间内虽然主要是吸引青年人开展活动，但 A-4(图 3-13-a)、A-5(图 3-13-b) 空间中由于提供了参观展览、商业购物等不同形式的活动内容，特别是小镇街区步行空间尺度舒适，吸引了多种人群的参与。而在样本 C 中，C-1、C-4、C-5 中都有较高的人群混合度，这主要与这几个空间文化氛围浓郁且景观环境品质很高有关，如 C-1(图 3-13-d)中农业文化的处处展现，C-4(图 3-13-c)中在多处活动设施及景观设计中都充分体现了火车轨道、火车车站这一文化，公园的火车车厢餐厅，不仅深受年轻人的欢迎，儿童也愿意参与这种情景式的就餐活动。C-5 中的杭帮菜博物馆不仅可以让人们了解杭帮菜文化，更可以品尝地道的杭帮菜。同时，公园的自然山水优美，因此深受中老年人的欢迎。而公园的自然山水生态景观又让儿童可以学习和了解更多的自然知识，其人群混合度自然就高了。

由此可见，空间尺度舒适、自然山水环境好、文化氛围营造浓郁、文化活动丰富的公共空间人群的混合度最高。

表 3-6 样本特色小镇公共空间使用人群类型占比分析

年龄类型	频率	百分比/%	累积百分比/%
幼儿	267	3.5	3.5
儿童	1253	16.6	20.1
青年	3504	46.4	66.6
中年	1769	23.4	90.0
老年	755	10.0	100.0
总计	7548	100.0	—

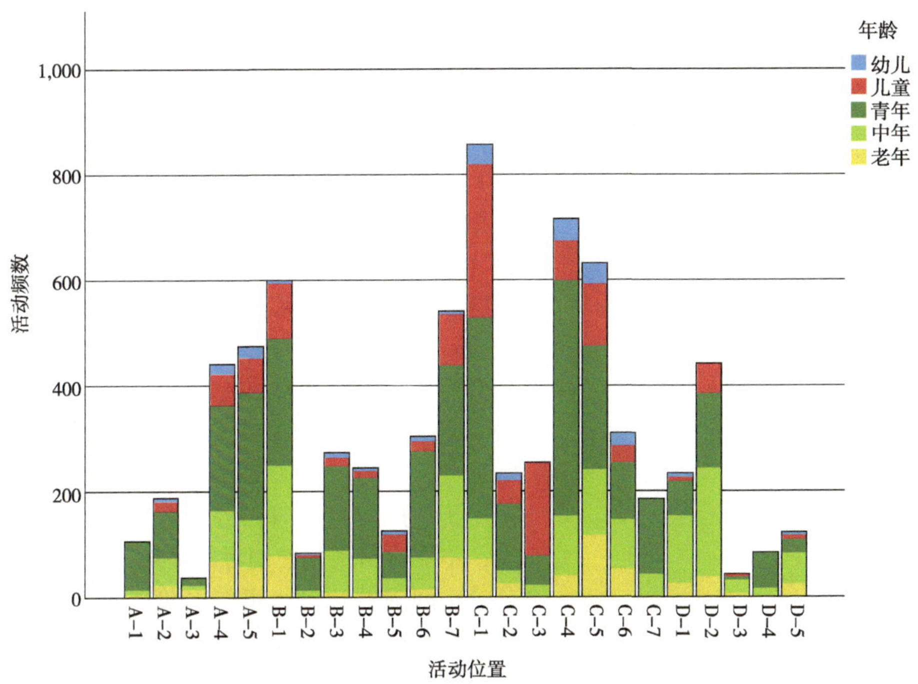

图 3-12　各活动位置人群混合度分析

(a) A-4 空间活动人群 (b) A-5 空间活动人群 (c) C-4 空间活动人群 (d) C-1 空间活动人群

图 3-13　样本公共空间的主要活动人群

3.3.1.2　活动多样性

从表 3-7 中看出，休闲类的活动在特色小镇中占比最高，其次是游玩类和观察学习类，这些都属于自发性活动，日常工作类是仅高于其他和集体活动类占比最低的活动类型，由于日常工作类活动属于必要性活动，集体活动类属于社会性活动，因此，可以看出几个样本特色小镇的自发性活动占比非常高，达到 84.9%(图 3-14)，可见几个特色小镇的公共空间具有一定的吸引力。从图 3-15 中可以看出，几个样本特色小镇公共空间整体活动多样性较好，不同空间活动的多样性存在差别，C-4、C-5 的活动类型最为丰富，这与这两个空间的人群混合度也较高（见 3.3.1.1）正好吻合。由此说明活动类型的多样性与人群的混合度相关，活动类型越多样，空间的活力值就越高。由此可见，活动的多样性将是特色小镇公共空间的重要影响因素。样本 B 的总体活动类型比较多样，特别是 B-1（图 3-16）、B-7（图 3-17），两个都是公园，都由于设计的全面性而提供了相当多类型的活动，因此，这两个空间相对活力也比较高，从图 3-12 也可以看出，这两个空间的人群混合度也比较高。但样本 B 的 B-2、B-3、B-4、B-5 空间的活动相对比较单一，这可能与这几个空间功能相对单一，提供的活动内容相对较少有关。样本 D 除 D-1 空间以外，其他空间功能都非常单一，有的空间仅仅是用于喝茶，有的空间仅仅是用于茶园骑行，有的空间仅仅用于欣赏茶山风光，不能吸引很多使用者的参与，因此造成了几个公共空间内的活动人群混合度和活动多样性都较低。由此也可以看出，空间功能更多样的公共空间自发性活动占比更高，活动多样性更好。

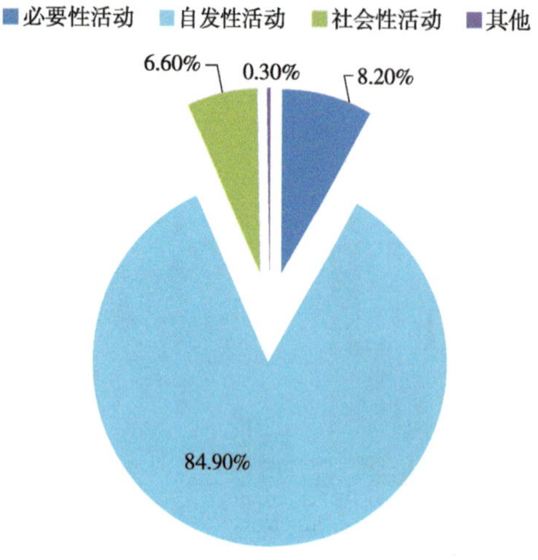

图 3-14　各种类型活动占比分析

表 3-7　样本特色小镇公共空间活动类型占比分析

活动类型	频率	百分比/%
日常工作类	620	8.2
观察学习类	1504	19.9
休闲类	2683	35.5
体育健身类	623	8.3
游玩类	1603	21.2
集体活动类	497	6.6
其他	19	0.3
总计	7549	100.0

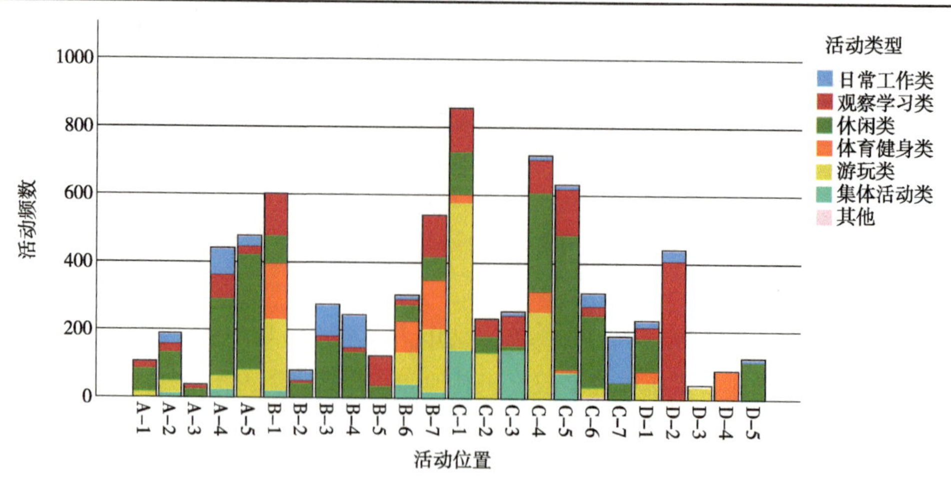

图 3-15　各活动位置活动多样性分析

（a）绿道跑步（b）观景（c）儿童滑板（d）拍照摄影

图 3-16　B-1 空间的各类活动类型

（a）滑滑梯（b）帐篷露营（c）荡秋千

图 3-17　B-7 空间的各类活动类型

3.3.2 时间维度活力特征分析

3.3.2.1 高峰活动频数

从表 3-8 中可以看出，样本小镇公共空间的活动峰值主要在 15：00—17：00 时段，占比达 43.3%，10：00—12：00 也是高峰，占比达 38.6%。这两个时间段人数最多，与公共空间微气候因素有关，这两个时段往往日照更充足，更适合在户外活动。可见，微气候舒适的公共空间其高峰活动频数更高。

表 3-8 样本特色小镇公共空间活动时段占比分析

时段	频率	百分比/%
6：00—8：00	615	8.1
10：00—12：00	2914	38.6
15：00—17：00	3269	43.3
17：00—21：00	751	9.9
总计	7549	100.0

3.3.2.2 波动系数

从图 3-18 中可以看出，样本 A 各时段活动人数相对比较均衡，波动系数较小。尤其是 A-2、A-4、A-5 空间中，每个时段都有一定量的活动人数，特别是夜晚，A-4、A-5 空间活动量基本与白天下午段持平，反映出了这两个空间的夜景效果较好，夜晚的活动设施与服务设施都比较适合活动。C-1 空间的活动人数是最高的，但它的活动基本集中在上午和下午，晚上活动的人数非常少，一方面是由于小镇其他公共空间的夜景效果更吸引人，另一方

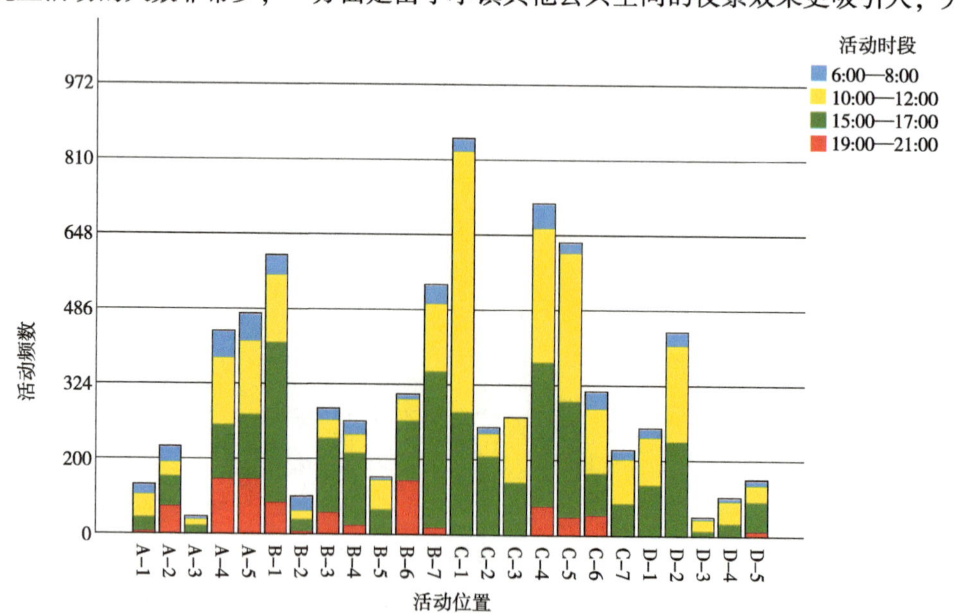

图 3-18 各活动位置不同活动时段人流量分析

面是 C-1 空间中夜晚的设施与管理运行都存在不足，人们很难在此开展夜间活动。由此可以看出，夜晚活动与服务设施会对小镇公共空间的使用产生一定的影响。由此可见，设施配套全、管理运行好的空间波动系数会较小。

3.3.2.3 活力持续时长

对于一个公共空间而言，活力的持续时长不仅要考虑高峰活动频数，还需要考虑波动系数，一般来说，高峰活动频数大而波动系数小则活力大。根据频数分析，各活动空间的活动量均值为 324 人，从图 3-18 中来看，活动频数超过 324 人的空间为 A-4、A-5、B-1、B-7、C-1、C-4、C-5、D-2，再将这 8 个空间的波动系数进行比较，A-4、A-5 波动系数最小，其次为 B-1、C-4、C-5，综合频率和波动系数 2 项指标来看，B-1、C-4、C-5 的活力持续时长更长，活力质量更高。B-1 虽然新建时间不长，但因为其独特的景观设计已经吸引了大量的人群在各个时段开展活动。特别值得一提的是 B-1 中营建的东湖绿道，绿道两侧安装感应呼吸灯，夜间开启巷道灯模式，经过时灯会自动亮起，跑过即变暗，除节能环保，更保证夜间安全，同时具有互动性。绿道还有如机场跑道灯一样的夜跑 LED 导航，白天几乎看不到 LED 灯具，一到晚上就会发出炫蓝色的迷人的导航灯光，这使得公园吸引了大量的夜间运动活动人群。C-4、C-5 同样也是公园，C-4的设计非常巧妙，由于浙江第一条铁路的闸口站就位于此公园内，因此，设计中将铁轨变成可以散步的游步道，保留闸口火车站的堆场，标志建筑龙门吊被设计者换上了蓝灰色的新装，改造成登高望景的好去处。西面能远眺钱塘江一桥、六和塔；东面视线开阔，可以眺望白塔，且周边自然环境优越，自然山水尽收眼底。钢铁龙门吊上还被设计师改造成一座江景咖啡厅，众多的历史文化景观设施，为公园长时间的活力持续奠定了基础。由此可见，景观环境品质是影响特色小镇公共空间活力的重要因素之一。C-5 中拥有一座杭帮菜博物馆和杭帮菜饮食餐厅，馆内设置了 10 个展区展示杭帮菜的悠久历史文化，运用了 20 个复原的历史事件场景和大量的文字、文物、图片史料，梳理了从良渚文化开始到秦、南北朝、宋朝等不同历史阶段中杭帮菜传承和发展的肌理脉络。在博物馆的室外互动区中，还设置了磨豆浆、做馒头、打年糕等饮食制作活动，还有可开展饮食文化沙龙的室外亲水平台。这些互动性、参与性、趣味性强的文化活动创造了良好的杭帮菜文化氛围，吸引了大量的游人及市民前来体验，所以 C-5 空间保持了较长时间的活力。由此可以看出，景观环境品质高、文化氛围浓郁的空间活力持续时间长。

3.3.3 空间维度活力特征分析

3.3.3.1 活动频数

由图 3-19 中可以看出，4 个样本小镇中，样本 C 的活动频数最高，这主要是由于样本 C 地处西湖景区，自然环境优良，地理位置优越，周边人口密度大，且周边坐拥多个历史文化景点，如吴汉月墓、南观音洞、天龙寺等。样本 C 的几个公共空间中，C-1 空间的活动频数最高，这和 C-1 空间的规划和设计有很大关系。C-1 曾是南宋皇家籍田的遗址，设计师通过查阅了解古老的八卦田功能，在设计中沿用了其肌理，沿田埂种植南宋时籍田播种的“九谷”，让人们感受到古老的田园种植之美以及由此形成的大地景观，让现代都市人感受到独特的古老农耕文化气息。这种对历史文化的保护和延续让这个空间拥有了较大的魅力，成为4个样本小镇中最受欢迎的公共空间。24个公共空间相比较，A-3、D-3的活动频数较低，这2处公共空间也是公园。其中，A-3为社区公园，周边的欧美金融城人流密度不够高，且公园本身的设施不足，对外地或本市其他地区的使用者吸引力较小，因此活动频数偏低。可见，周边环境的空间密度是影响公共空间使用的主要元素之一。D-3空间的景观比较特别，是一座以茶山为主要景观的主题公园，但是，公园长期缺少维护，游步道破损严重，某些钢构的休息设施摇晃不稳，具有极大的安全隐患。此外，公园的绿化因为修整不及时，杂草较多，严重影响茶园的景观效果，因此使用人数非常少。由此可见，周边人口空间密度大、历史文化氛围好、维护管理优的公共空间活动频数更高。

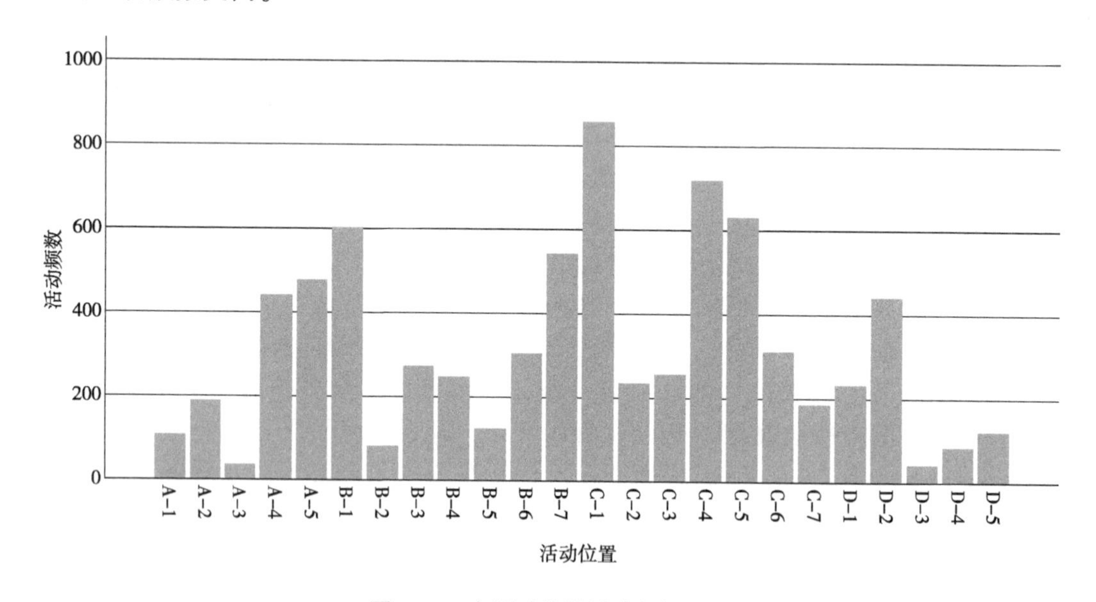

图3-19　各活动位置活动频数分析

3.3.3.2　空间聚集分布

利用ArcGIS的核密度分析，将人群活动的聚集情况进行量化与图示化。根据核密度的高低，将活力值分为1~5的聚集度，具体核密度值及聚集程度见表3-9。聚集程度越高，说明空间活力越高，高聚集区和次聚集区的面积越大，说明小镇公共空间活力质量越好。从梦想小镇公共空间核密度分析(图3-20)表明，A-04和A-05聚集程度最高，其人群活动基本集中在眼见·VR中心、奇点云AI体验馆、星云产业创新等附近，经过现场调查，发现眼见·杭州VR中心是浙江省内首家专注于虚拟现实、增强现实、全息现实技术产业垂直孵化中心，同时还建有全国首个VR一体机体验中心。在奇点云AI体验馆中，“微笑冠军”能和使用者互动，凭借使用者的微笑进行打折体验。这些和大数据、人工智能结合的体验产品吸引了大量的人气。由此可见，产业发展有特色、商业活动有吸引力的空间的聚集度高。

表 3-9　特色小镇公共空间活动聚集分级一览表

活动聚集等级	活动核密度	聚集程度
1	小于 1000	无聚集
2	1000~3000	少聚集
3	3000~6000	一般聚集
4	6000~10000	次聚集
5	大于 10000	高聚集

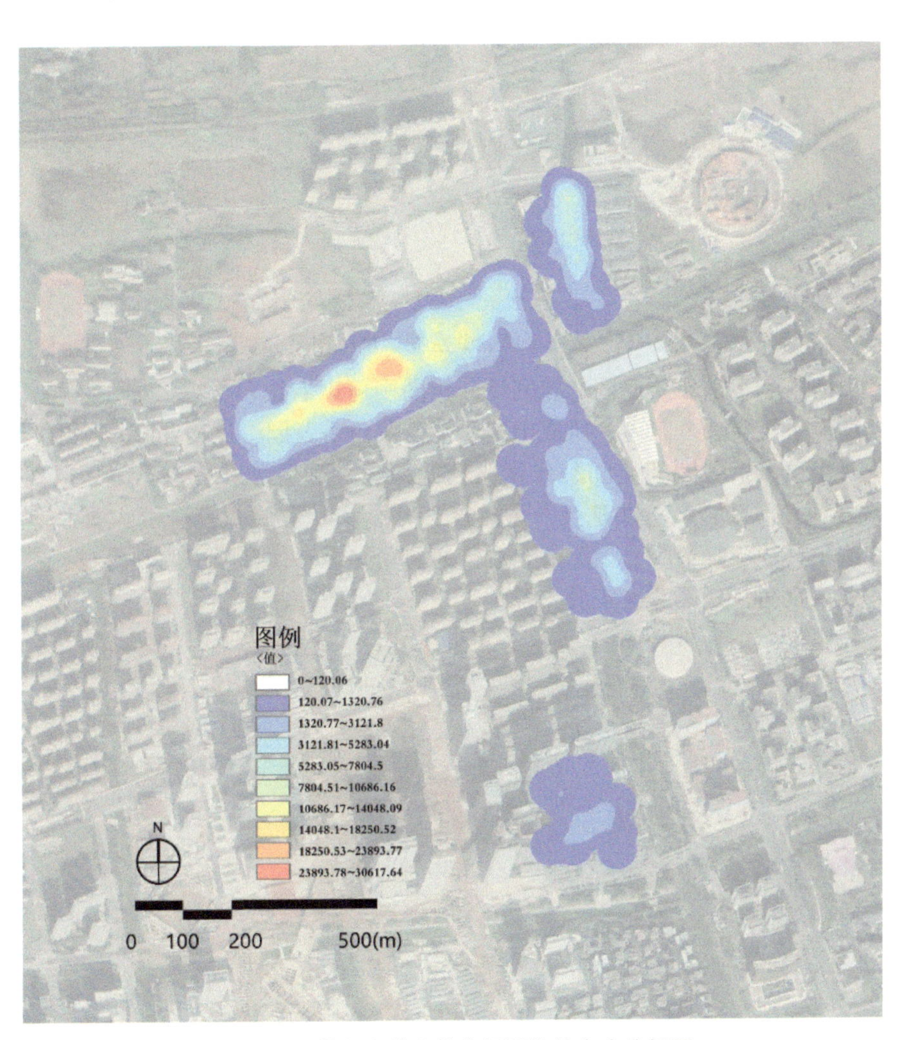

图 3-20　梦想小镇公共空间聚集核密度分析图

从艺尚小镇公共空间核密度分析图中可以看出(图 3-21)，国际秀场核心广场的空间聚集度最高，这是由于国际秀场是小镇内设计师创意产品的发布地，更是各类国际时尚发布活动和国内外优质时尚创新产品的展示地。在国际秀场外的下沉广场上经常举办各种时尚服装展。在杭州国际时尚周期间，平均每天有 4 场活动在艺尚小镇国际秀场呈现。广场上经常有市民在此举办各种团体活动，如旗袍秀等。与梦想小镇类似，与小镇主产业发展相关度高的空间，集聚度就高。

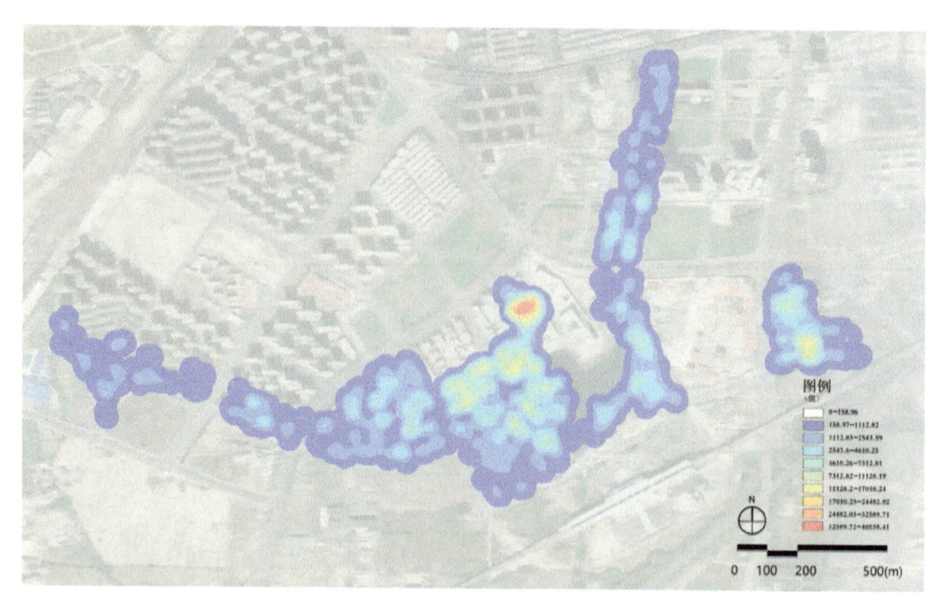

图 3-21　艺尚小镇公共空间聚集核密度分析图

从玉皇山南基金小镇公共空间的核密度分析图中可以看出（图 3-22），空间聚集度最高的几个点分别位于江洋畈公园内、凤凰山路风情街及白塔公园，反而和基金小镇产业紧密相连的甘水巷及小镇水景公园的空间集聚度比较低，这主要是由于基金小镇是以私募证券基金、私募商品（期货）基金、对冲基金、量化投资基金和私募股权基金五大类私募基金为重点发展的特色私募基金集聚区。该类产业对普通公众并没有什么吸引力。可见，产业对公众吸引力弱的公共空间，集聚度也较低。

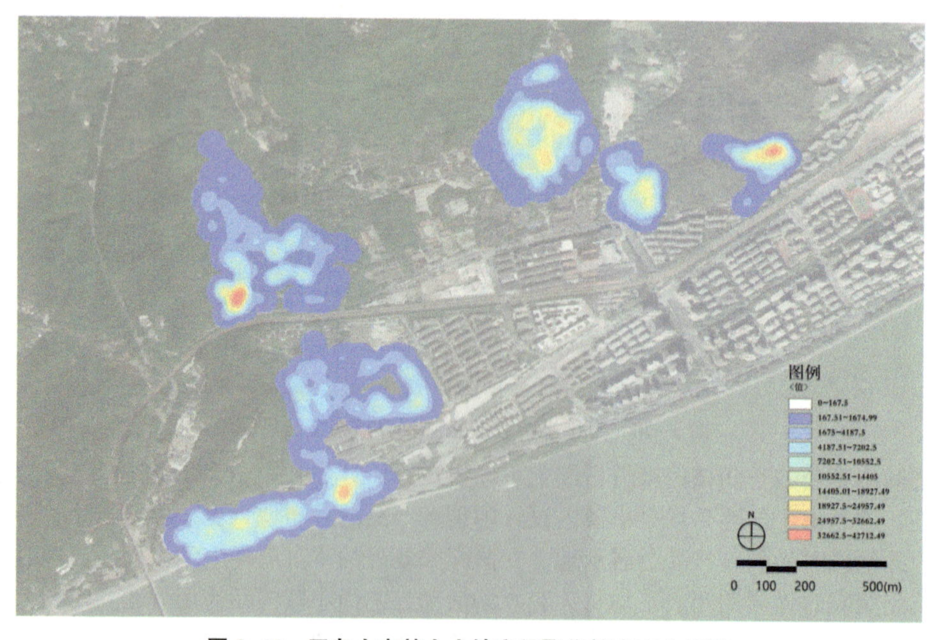

图 3-22　玉皇山南基金小镇空间聚集核密度分析图

从龙坞茶镇公共空间核密度分析图(图 3-23)中可以看出，集聚度最高的空间位于品土当代艺术馆及周围外部公共空间和早春探茶广场。空间集聚度最低的是兔子山公园，兔子山公园内虽然也有大量的茶山，但在这些茶山中并未开展任何形式的参与性活动，反而周边的私人茶园结合了农家乐饮茶、吃农家饭、住民宿等活动吸引了大量的游客参与。公共空间遭受冷落，主要原因就是公园内未开展与产业相关的文化活动。早春探茶广场的活动频数比较低，但空间集聚度很高，主要原因就是早春探茶广场紧靠龙坞茶镇·九街，是集“茶文化、茶生活、茶科研”为一体的茶产业孵化基地，涵盖精品茶销售、茶科研、科学饮茶、茶衍生物销售、特色茶住宿、茶科学培训等多个“茶主题”，空间功能多样性将促进周围公共空间的集中。可见，空间功能多样性会加大周边公共空间的集聚度。

图 3-23 龙坞茶镇空间聚集核密度分析图

3.3.3.3 活动聚集面积

活动聚集面积主要是衡量空间的活力均衡度，样本 A 高聚集区面积为 31267m^2，次聚集区面积为 23785m^2；样本 B 高聚集区面积为 21695m^2，次聚集区面积为 49033m^2；样本 C 高聚集区面积为 62168m^2，次聚集区面积为 52017m^2；样本 D 高聚集区面积为 11024m^2，次聚集区面积为 13298m^2，具体指标见表 3-10。

表 3-10 样本小镇活动聚集面积一览表

聚集区	样本 A/m^2	样本 B/m^2	样本 C/m^2	样本 D/m^2
少聚集区	61455	216881	16114	26000
一般聚集区	32818	109656	75379	22397
次聚集区	23785	49033	52017	13298
高聚集区	31267	21695	62168	11024

从4个样本小镇的高聚集区和次聚集区比例来看(图3-24)，样本C具有较高的比例，样本B的比例最低，其次样本D的比例也较低，可见，样本C的活力更为均衡。这是由于样本C的区位条件更为成熟，它不仅位于主城区，而且在西湖景区内，周边人口密度高。而样本D则位于西湖区龙坞镇，虽然离市中心距离不是特别远，但人口密度已经大大降低。而样本B则位于余杭区临平新城，相对离杭州主城区地理位置更远，人口密度更低。由此可见，小镇周边的人口密度会影响公共空间的高聚集区面积，从而影响空间的活力。

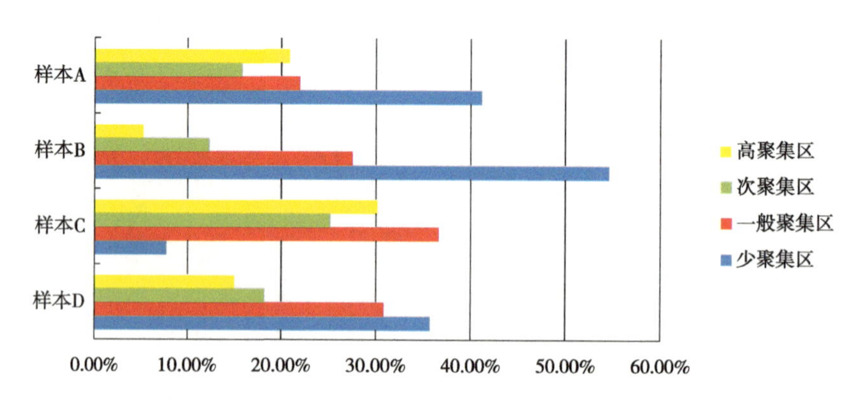

图3-24 样本小镇聚集比例一览图

3.3.3.4 不同类型的空间活动频数

特色小镇公共空间共分为公园、广场、街巷、中介空间四大类型，从调查结果来看(图3-25)，4个特色小镇公园空间活动频数为3875，占比为48%；广场空间活动频数为1691，占比21%；街巷空间活动频数为1273，占比16%；中介空间活动频数为1231，占比15%。由此可以看出，在4个小镇中，公园空间的类型占比最多，活动频数也最高，这主要是由于公园的文化与景观更丰富，开展的活动类型也更多，可见，文化与景观对小镇的公共空间活力有着较大的影响。

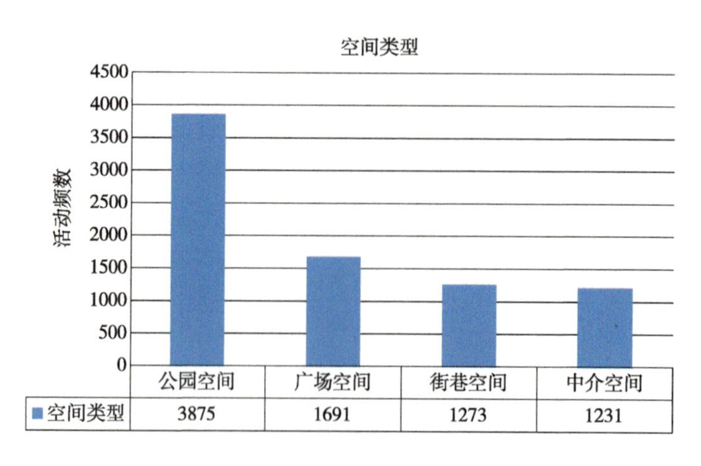

图3-25 不同类型公共空间活动频数

3.4 本章小结

在观察调研准备工作中，根据特色小镇命名情况、小镇类型与实地调研相结合，确定了杭州4个特色小镇总计24处公共空间作为研究地点；通过对观察数据的整理与分析，从3个维度获取了特色小镇公共空间的活力特征，取得以下结果：

(1)通过对特色小镇的命名情况、建设情况及产业类型进行比较与筛选，最终确定了选择杭州的梦想小镇、余杭艺尚小镇、玉皇山南基金小镇及龙坞茶镇作为研究对象，并通过现场调查筛选了24处公共空间作为观察对象，共搜集7549个样本数据。

(2)从人群维度分析发现特色小镇公共空间使用者中青年人占据绝对比例；可达性好、设施配套全、空间尺度舒适、自然山水优良、文化氛围营造浓郁、文化活动丰富的公共空间，人群的混合度最高；空间功能具有多样性的公共空间，活力更强。

(3)从时间维度分析发现样本小镇公共空间的活动峰值主要在10：00—12：00、15：00—17：00时段，微气候舒适的公共空间其高峰活动频数更高；设施配套全、管理运行好的空间，活动波动系数最小；景观环境品质高、文化氛围浓郁的空间，活力持续时间长。

(4)从空间维度发现周边人口密度大、历史文化氛围好、维护管理优的公共空间，活动频数更高；产业发展有特色、商业活动丰富、空间功能多样性强、周边人口密度大的空间，聚集度更高。

(5)从观察及结果综合分析，特色小镇公共空间活力的主要影响因素共有以下13项：自然山水、微气候、产业发展、空间尺度、空间功能多样性、周边人群密度、设施配套、可达程度、管理运行、文化氛围、文化活动、商业活动与景观环境，这将为后续特色小镇公共空间活力影响机制研究提供基础。

4 特色小镇公共空间活力影响机制研究

第 3 章已经通过特色小镇公共空间活力特征分析出了小镇公共空间活力影响的 13 项因素，本章将根据这些影响因素设置调查问卷，将结果进行因子分析，再通过建立结构方程模型，检验特色小镇公共空间活力影响模型中各变量之间的内在关系，从而完成特色小镇公共空间活力的影响机制分析和研究。本章的研究框架如图 4-1。

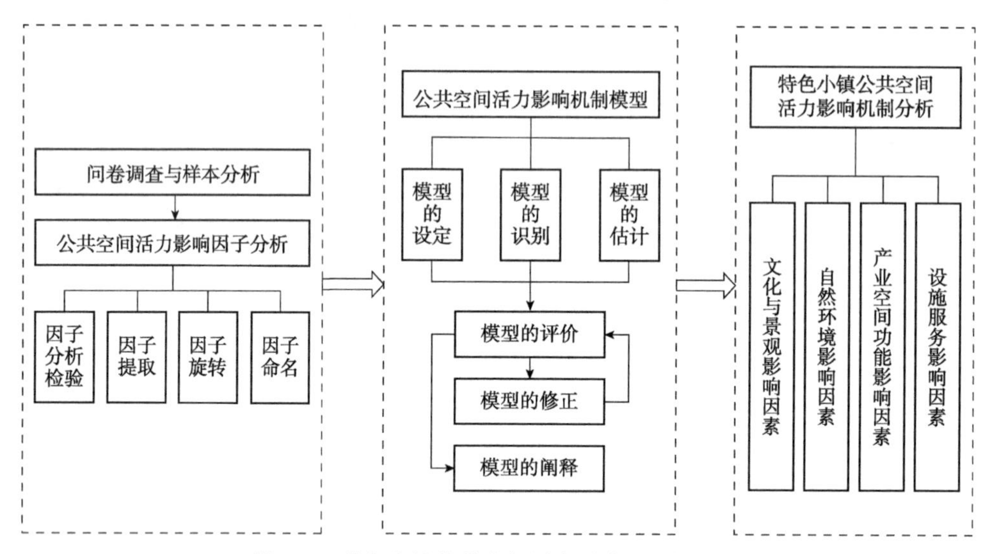

图 4-1 特色小镇公共空间活力影响机制框架图

4.1 研究思路与方法

4.1.1 研究思路

首先，根据第 3 章活力特征分析获取的特色小镇公共空间活力影响要素，结合问卷调查获取每一个影响要素的影响数值。问卷设计包括 24 个样本空间的使用者特征及涉及自然环境、文化与景观等 13 个影响因素和活动人群、活动时间、活动空间 3 个活力指标。除人口统计学特征外，其他均采用李克特量表 1~5 级方式设计问卷的选项。

其次，开展信度与效度分析，并运用 SPSS25.0 进行分析检验。首先选择 Cronbach's alpha 系数来对问卷样本进行信度分析。由于此次调查是要做因子分析，因此选择 KMO 和 Bartlett's 球形检验进行结构效度检验，确保样本问卷适合采用因子分析的方法。

再次，进行因子分析。采用主成分分析(PCA)和因子分析(FA)方法提取特征值大于1的成分。在因子旋转后，对综合因子进行命名，将其设置为模型的潜变量。

最后，建立结构方程模型进行分析。本书主要采用Amos24.0软件，结合公共空间各影响因素之间关系的相关文献和相关结构方程模型理论，绘制特色小镇公共空间活力影响要素概念模型，通过对模型识别、评价、拟合、修正，得到特色小镇公共空间活力影响机制模型，该模型路径图可以直观地反映出特色小镇公共空间活力各影响因素之间的结构关系，获得深入的研究结果。

4.1.2 研究方法

4.1.2.1 描述性统计分析

描述性统计主要通过基本的统计数据如平均数、百分比等来了解样本的基本分布情况。

4.1.2.2 因子分析

因子分析(Factor Analysis)是一种可以简化许多变量的方法和技术。它最初由心理学家开发，目的是用提取的公因子表现不同的性格特征和行为取向，来解释人类的行为和能力。主要目的是总结多个原始变量，进行潜在类别分析，并根据相关性进行归类[129]。为了获得特色小镇公共空间活力影响因素的类别，运用因子分析方法提取出主要类别的影响因素。

4.1.2.3 结构方程模型分析

结构方程模型(Structural Equation Modeling，简称SEM)是瑞典统计学家Karl G. 在20世纪70年代提出的。它是一种基于变量协方差矩阵的统计方法，用于分析变量之间的关系，因此它也被称为协方差结构方程。结构方程分析可以同时考虑和处理多个因变量，并且还可以使用多个指标来测量变量。在结构方程中，可以同时考虑因子与主题之间的关系以及因子与因子之间的关系，这与线性回归分析有关。相反，线性回归分析只能提供变量之间的直接影响，而不能提供间接影响，但是结构方程模型不仅可以反映直接影响，还可以反映内部间接影响。其分析的基本程序如图4-2所示。具体实现程序如下：

第一，考虑几个变量之间是否存在相关性，相关性是正还是负，以及是否存在因果关系。

第二，模型的设定和识别。运用AMOS24.0专业的结构方程软件设置变量之间的因果关系路径，并确定其参数和路径系数。

第三，模型的估计与评价。结合模型估计的参数，对实测数据进行拟合，验证模型的有效性。

第四，模型的修正与拟合。模型的建成需要反复调整和修改，使用该软件继续修改和拟合模型，并获得最终因果关系以形成最终结构方程模型。

由于该研究所设计的特色小镇公共空间活力影响因素之间存在结构关系，直接测量困难，测量误差大，因果关系也非常复杂。因此，使用结构方程模型路径图来检验各因素与活力程度之间的影响以及潜在变量之间的内部结构关系。

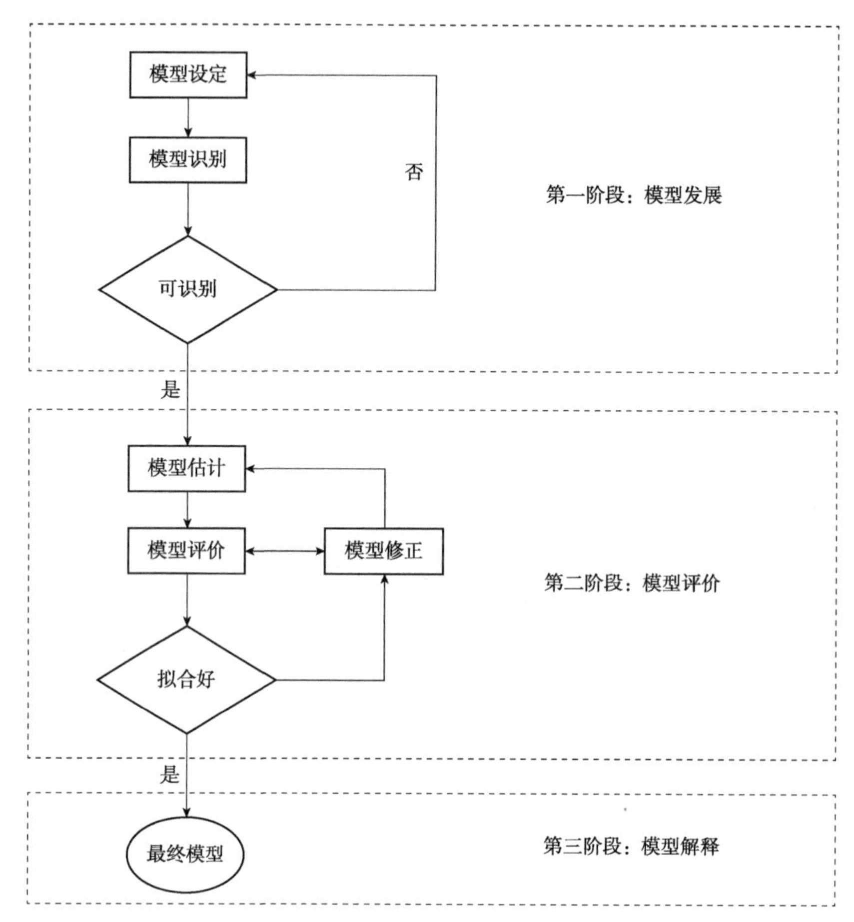

图 4-2　SEM 分析基本程序[114]

4.2　问卷调查与样本分析

4.2.1　问卷调查

4.2.1.1　设置调查问卷

问卷调查法是调查者利用事先设计的问卷，从被调查对象中了解情况或征询意见的方法。此种调研方法的核心是问卷的设计，即问卷中问题和量表的设置，问卷设计要遵循通俗性、可行性、全面性、清晰性、区别性和中立性的原则。

(1) 问题设置

问题的设置是问卷的核心部分和主体，直接影响问卷的结果。只有全面、直观、准确地表达了调查内容，调查结果才能真实、可靠地反映出与调查对象的关系。本书中问卷的设计主要通过第 3 章分析出的 13 项影响要素对公共空间 3 个活力指标的影响程度，了解公共空间内活力因素及其活力度。

(2)量表选择

本书将态度量表用作定量测量的工具。态度是一个无法直接观察到的潜在变量，可以通过人类语言以及对外界的反应、行为或行动间接地进行测量。态度量表是一种更客观、更常用的测量态度的工具。态度量表的常见类型包括李克特量表、古特曼量表和语义差异量表。李克特量表是用于衡量受访者对问题的看法和态度的最广泛和最简单的量表。美国社会心理学家 Likert 改进了李克特量表，该量表根据受访者对问题的感觉选择“非常肯定”“肯定”“不一定”“不确定”“非常否定”五个答案之一，根据不同的程度分别记录为 5 分、4 分、3 分、2 分、1 分，每个受访者对每个问题的回答总分是他对调查问题的态度或状态的总分。古特曼量表是回答“是，不是”问题的一种测量工具，它强调答案的一致性。因此，测得的态度在本质上是一致的，避免了李克特量表中总分相同但内容不一致的矛盾。语义差异量表是由社会心理学家奥斯古德(C. E. Osgood)和他的同事萨西(G. Suci)、坦纳鲍姆(P. Tannenbaurn)等于 19 世纪 50 年代汇编的语义区分的度量工具。此类量表由一系列形容词词组组成，显示语义空间的特质。本书旨在了解人们对特色小镇公共空间活力影响因素的态度，衡量其价值程度，选用李克特量表作为问卷的主观评价部分。详见附录表 A-1。

4.2.1.2 测量检验

为确保调研问卷的高质量，在正式调研之前，先进行了预试调研，以确保正式调研的成功性。此次调研于 2019 年 3 月在杭州梦想小镇与余杭艺尚小镇的 4 处公共空间(1 处公园、1 处广场、1 处街巷、1 处中介空间)进行，共收回 247 份问卷，其中有效问卷为 222 份，有效率达到了 90%，根据所获得的数据进行了预试调研问卷的信度检验和效度检验。

(1)信度检验

信度是指测量的可靠性，它一方面反映了测量方法的可靠性，另一方面反映了数据结果的可靠性，本书使用克朗巴哈信度，检验公式是：

$$a=\frac{k}{k+1}\left(1-\frac{\sum O_i^2}{O^2}\right) \tag{4-1}$$

式中：k——问卷中的题目数；

O_i^2——第 i 题的调查结果方差；

O^2——全部调查结果方差。

在社会科学研究领域，量表内部一致性的最小信度系数不能小于 0.70，该调查问卷的 a 系数为 0.949，大于 0.70，呈现的性质为“信度非常好”的标准，表示该问卷具有很强的内部一致性，调查表的设计可靠，可以进行实际的问卷调研。

(2)效度检验

有效性测试是对设计问卷的测量结果进行测试以反映客观现实的测试。常用的效度测试包括结构效度、内容效度和标准效度。因子分析法是行为及社会科学研究领域中最常被使用的结构效度检验方法，故本书也使用此方法对问卷设计的效度进行检验。

因子分析判断结构有效性一般根据 KMO 数值和 Barlett 球形检验进行判断。当 KMO 值越接近 1，变量之间的共同因素越多，越适合进行因子分析；当该值小于 0.5 时，则不适宜进行因子分析。Barlett 球形检验用于检验各个变量是否独立。当显著性水平小于 0.05 时，则表示适合做因子分析。

本次预试问卷调查获得数据的 KMO 和 Barlett 检验结果，KMO 值为 0.887，大于 0.5，为“很适合”标准，表示变量间存在共同因素；Barlett 球形检验的 x^2 值为 2002.865，自由度 df 值为 300，P 值为 0.000，小于 0.05 的显著水平，满足因子分析的要求，可进行因子分析。

接下来需要判断初始特征值累积方差贡献率是否达到标准，根据相关文献，因子的初始特征值大于 1 且累积方差贡献率大于或等于 70%时，表示满足有效性测试要求。本次预试调查各因素特征值均大于 1，累计方差贡献率为 73.51%，大于 70%，表明数据可以满足检验要求。综上所述，初步的问卷设计符合信度检验和效度检验的要求，可以进行正式的问卷调查。

4.2.1.3 抽样方法与样本规模

实地问卷调研在 2019 年 4 月进行。在实地调研中，需要决定抽样的方法和样本的规模，并完成问卷的填写和客观的观察。由于特色小镇公共空间众多，无法对其中的全部活动人群进行调查，因此，采用抽样调查的方式来进行。为了更好地了解使用者对于小镇公共空间的需求感受，在调查时尽量选择那些多次来公共空间活动的人群，他们对小镇公共空间更为熟悉，也更有发言权。在年龄上，由于幼儿和低龄儿童尚不能完全准确地表达自身需求，因此，他们不被确定为调查对象。另外，确定合理的样本量非常重要，Bentler and Chou (1987)认为平均估计参数需要 5 个样本，但样本数据质量要非常好；James Stevens 的 *Applied Multivariate Statistics for the Social Sciences* 一书中提到平均一个自变量大约需要 15 个样本，根据本书的自变量个数(16 个)，测算本次研究需要 240 份样本。Loehlin(1992)认为对于包含 2~4 个因子的模型，最好需要 200 个样本，至少需要 100 个样本，因为小样本量容易导致模型计算收敛失败，进而影响参数估计。特别要注意的是当数据质量不好，比如不服从正态分布或者受到污染时，更需要大的样本量[130]。因此，正式调研中，在 24 处特色小镇公共空间调研点共发放问卷 500 份，回收 487 份，有效问卷为 458 份，有效率为 94%，达到了抽样样本数据的要求。

4.2.1.4 问卷填写

调查在 24 个选定的公共场所进行，以提高受访者的信息准确性。“采访者”与“受访者”以一对一的方式进行，根据受访者的实际情况选择“采访者访问填写问卷”或“直接填写问卷”的形式完成。采访者访问填写问卷形式主要针对老年人、视障人士或携带儿童的受访者，帮助他们按问卷上的问题进行选择。直接填写问卷形式主要针对视力好的年龄人，采访者解释并指导，受访者直接填写问卷。采访者都事先经过专业培训，能够避免 2 种填写方式上的误差。

4.2.2 样本分析

表 4-1 显示被调查的统计数据，男性占 35.15%，女性占 64.85%。年龄以中、青年为主，集中在 18~49 岁年龄段，占样本总数的 68.34%。学历水平中等偏上，以本(专)科所占比例为主，占到 58.73%，其次是高中或中专占 11.35%。被调查者的月收入水平中等偏上，

有超过56.77%的受访者月收入在3000~8000元。职业分布最高的为公司职员和学生，居住地以小镇或周边为主。从统计数据可以看出，调查涵盖的人员基本比较完整，经常使用特色小镇公共空间的基本还是以小镇及周边的居民为主，能多次访问小镇公共空间的外地游客仍然数量不多。由此可以分析，特色小镇公共空间的活力提升还是需要从小镇及周边居民的需求出发，尽量吸引他们来使同时，也要加强小镇的旅游吸引力，让访问过小镇的游客还有兴趣再次来到这里游玩。

表4-1 调查样本人口结构特征表

指标	指标类型	数量	比例	指标	指标类型	数量	比例
性别	男	161	35.15%	职业	学生	142	31.00%
	女	297	64.85%		公司职员	103	22.49%
年龄	18~29岁	184	40.18%		自由职业	59	12.88%
	30~49岁	129	28.16%		离退休职工	54	11.79%
	50~59岁	59	12.88%		教师	48	10.48%
	60岁及以上	86	18.78%		公务员、事业	34	7.42%
学历	初中及以下	40	8.73%		其他	18	3.93%
	高中或中专	52	11.35%	月收入			
	专科/本科	269	58.73%		1000元以下	70	15.38%
	硕士及以上	97	21.18%		1000~3000元	57	12.45%
居住地	小镇周边	287	62.66%		3000~8000元	260	56.77%
	杭州其他区	120	26.20%		8000元以上	70	15.38%
	外地	51	11.14%				

4.2.3 样本信度和效度分析

在进行因子分析前，需要测试调查数据是否适用于上述2种方法。这里测试的方法是斯皮尔曼(Spearman)等级相关性测试、抽样适用性量数(Kaiser-Merey-Olkin，简称KMO)检验和球形测试(Bartlett球形测试)。Spearman检验用于探索13项影响因子之间是否存在相关性，以确定是否能够使用因子分析。在影响因子相关系数矩阵中每个单元格包含了两两因子相关系数和显著性水平。从13项影响因子相关性矩阵中能够看出，其共组成84对相关系数，其中71对存在相关性，占多数，说明这13项影响因子之间存在一定相关性，符合实施因子分析的要求。

根据13项影响因子的KMO和Bartlett检验结果来看(表4-2)，其KMO值为0.863，远远大于0.5，性质为"很适合"，表明变量间存在共同因素；Bartlett球形检验的x^2值为923.890，自由度df值为120，P值为0.000，小于0.05，符合实施因子分析的要求。综上所述，调研获得的数据可做因子分析。

表 4-2　KMO 和 Bartlett 检验

KMO 抽样适用性量数	0.863	
巴特利特球形度检验	近似卡方(x^2)	923.890
	自由度(df)	120
	显著性(P)	0.000

4.3　特色小镇公共空间活力影响因子分析

4.3.1　因子分析过程

根据特色小镇公共空间活力特征分析设置调查问卷(附录表 B-1)，将特色小镇公共空间活力评价指标体系中的 13 项影响因子，运用 SPSS25.0 进行因子分析和主成分分析，提取出特色小镇公共空间活力主要影响因子。在优选的影响因子基础上提取 5 项主成分。首先，经过效度验证它们是否符合分析的条件，是否具有共同性，以判断它们能否进行主成分分析和因子分析；其次，分析“解释的总方差”参数和“碎石图”参数以提取主成分；再次，通过最大方差法对因子进行旋转，确定影响因子的数量，并按主成分划分归类；最后，根据各主成分包含影响因子的共同特点，命名得到 5 个指标。

4.3.2　因子分析检验

本书根据公因子方差检验各指标对量表的影响程度，如果公因子方差不小于 0.6，表示公因子能较好地解释该指标，如果公因子方差小于 0.6，则可以考虑剔除[131]。从表 4-3 的结果显示，各指标的公因子方差最低的为“产业发展 0.604”，最高的为“文化活动 0.785”，由于它们均不小于 0.6，说明它们的影响是显著的，均应予以保留。

表 4-3　公因子方差

影响因子	初始	提取	影响因子	初始	提取
自然山水	1.000	0.712	可达程度	1.000	0.733
微气候	1.000	0.716	管理运行	1.000	0.619
产业发展	1.000	0.604	文化氛围	1.000	0.746
空间尺度	1.000	0.608	文化活动	1.000	0.785
空间功能多样性	1.000	0.619	商业活动	1.000	0.698
周边人群密度	1.000	0.635	景观环境	1.000	0.652
设施配套	1.000	0.658			

4.3.3　因子提取

总方差解释表是解释因子分析中原始变量总方差的列表。它由初始因子特征值、提取的载荷平方和旋转载荷平方 3 部分组成。根据总方差解释表显示，特征值大于 1 的有 5 个共同因子，这5个共同因子能解释总体71.468%的信息，即解释了特色小镇公共空间活力影响因素的大部分信息(表4-4)。虽然有一些文献中显示共同因子解释程度需要在80%以上，但绝大部分学者都更同意共同因子解释程度在70%以上就可以做因子分析[104]。因此可以得出结论：第3章分析出的影响因素是合理有效的。另外，也可以通过碎石图来进行判断。从图4-3中可以看出，从第6个因素开始，碎石图的直线坡度开始逐渐平坦，已无因子可以提取，且从第6个因素来看，他们的特征值均小于1，因此只保留特征值大于1的前5个因子。

表4-4 总方差解释

成分	初始特征值			提取载荷平方和			旋转载荷平方和		
	总计	方差百分比/%	累积/%	总计	方差百分比/%	累积/%	总计	方差百分比/%	累积/%
1	5.302	40.782	40.782	5.302	40.782	40.782	2.390	18.381	18.381
2	1.393	10.718	51.500	1.393	10.718	51.500	2.165	16.657	35.038
3	1.014	7.800	59.300	1.014	7.800	59.300	1.990	15.307	50.346
4	1.026	6.356	65.656	0.826	6.356	65.656	1.389	10.687	61.033
5	1.016	5.812	71.468	0.756	5.812	71.468	1.356	10.435	71.468
6	0.711	5.469	76.936	—	—	—	—	—	—
7	0.619	4.763	81.699	—	—	—	—	—	—
8	0.502	3.865	85.564	—	—	—	—	—	—
9	0.486	3.740	89.304	—	—	—	—	—	—
10	0.440	3.384	92.688	—	—	—	—	—	—
11	0.391	3.010	95.697	—	—	—	—	—	—
12	0.336	2.588	98.286	—	—	—	—	—	—
13	0.223	1.714	100.000	—	—	—	—	—	—

注：提取方法为主成分分析法。

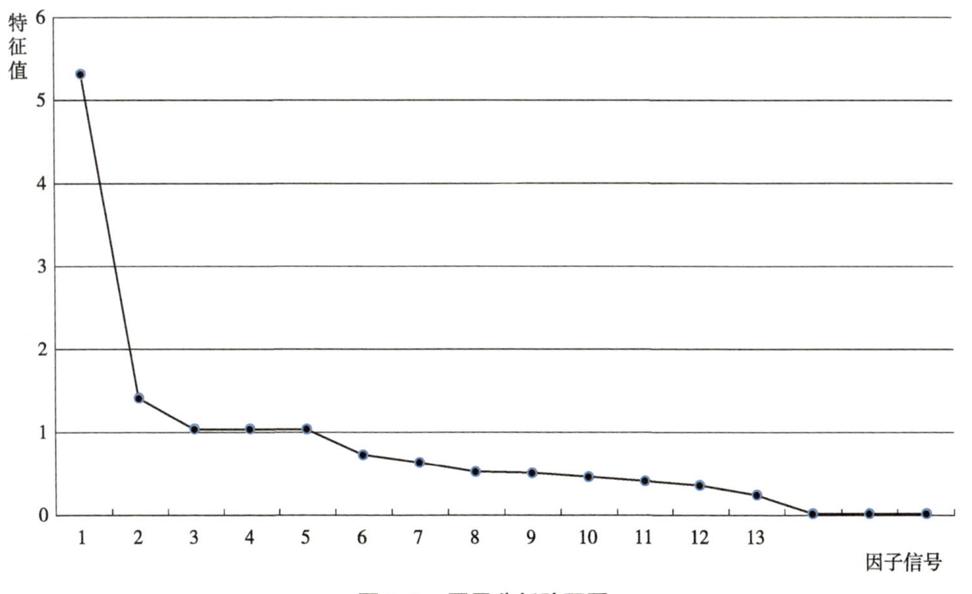

图4-3 因子分析碎石图

4.3.4 因子旋转

在计算了因子载荷矩阵后，需要进行因子旋转。由于因子载荷矩阵是不唯一的，所以需要对因子载荷矩阵进行旋转，使其结构更加简化，本书采用方差最大法，利用旋转后的因子载荷矩阵分析共同因素的包含要素，并对因子进行命名，获得最终的因子分类。

旋转后，因子载荷系数绝对值小于等于0.3时通常不被作为因子分析的参照依据，应予以删除，也有文献提出因子载荷系数绝对值小于0.4的应予以删除。从影响因子旋转计算获得的载荷矩阵(表4-5)可以看出各主成分所包含的影响因子载荷系数都大于0.4，故该载荷矩阵可作为确定主成分数量和主成分命名的基础。

表4-5 旋转后的成分矩阵

	成分				
	1	2	3	4	5
微气候	0.770	—	—	—	—
自然山水	0.728	—	—	—	—
产业发展	0.705	—	—	—	—
空间尺度	0.598	—	—	—	—
文化活动	—	0.847	—	—	—
文化氛围	—	0.804	—	—	—
空间功能多样性	—	0.582	—	—	—
设施配套	—	—	0.842	—	—
可达程度	—	—	0.754	—	—
管理运行	—	—	0.446	—	—
商业活动	—	—	—	0.854	—
景观环境	—	—	—	0.784	—
周边人群密度	—	—	—	—	0.768

注：已删除数值小于或等于0.300的载荷系数。

4.3.5 因子命名

从表4-5可以明显看出计算后的主成分为5个，成分1中的微气候、自然山水和产业发展、空间尺度的关联度不大，显然，自然山水和微气候属于同一类，故将它们一起命名为自然环境影响要素(Z)。产业发展与空间尺度属于同一类，成分2的空间功能多样性，也属于这一类型，故将它们一起命名为产业空间功能影响要素(C)。成分2的文化活动与文化氛围都属于文化类，成分3的设施配套、可达程度、管理运行都属于设施服务类，故将它们命名为设施服务影响要素(S)。成分5只有一项要素，也和空间功能有关，因为将它一起放入产业空间功能影响要素中；成分4的景观环境和商业活动关联度不大，但在特色小镇中，景观与文化常常关联在一起，因此，将景观环境放入文化类中，命名为文化与景观影响要素(W)。在特色小镇中，商业活动往往与产业紧密相连，因此，将商业活动放入产业空间功能影响要素中。最终，将13项影响因子分为了4个类别(表4-6)。

表4-6　影响因子分类与命名

类别名称	自然环境影响要素	产业空间功能影响要素	设施服务影响要素	文化与景观影响要素
	成分1	成分1、成分2与成分4	成分3	成分2、成分4
影响因子	自然山水	产业发展	设施配套	文化活动
	微气候	空间尺度	可达程度	文化氛围
	—	空间功能多样性	管理运行	景观环境
	—	商业活动	—	—
	—	周边人群密度	—	—

4.4　特色小镇公共空间活力影响机制模型建立

4.4.1　结构方程模型的设定

由表4-7分析，本书进入结构方程模型的各变量均是根据第三章分析的影响要素进行问卷调查和因子分析后得出的。

表4-7　特色小镇公共空间活力影响变量

潜在变项	观测变量	潜在变项	观测变量
自然环境要素Z	自然山水	设施服务要素S	设施配套
	微气候		可达程度
			管理运行
产业空间功能要素C	产业发展	文化与景观要素W	文化活动
	空间尺度		文化氛围
	空间功能多样性		景观环境
	周边人群密度	公共空间活力	活动人群
	商业活动		活动时间
	—		活动空间

基于以下思路构建特色小镇公共空间活力影响因素初始概念模型：首先，模型的潜变量即为因子分析所得的自然环境要素、产业空间功能要素、设施服务要素、文化与景观要素与公共空间活力；其次，在综合相关特色小镇及公共空间文献成果及有关公共空间活力影响理论基础之上，进行4项因素与公共空间活力间路径关系的考量与设定；最后，

运用Amos 24.0软件进行模型的多次拟合检验与比较，最终确定了如下初始概念模型（图4-4）。

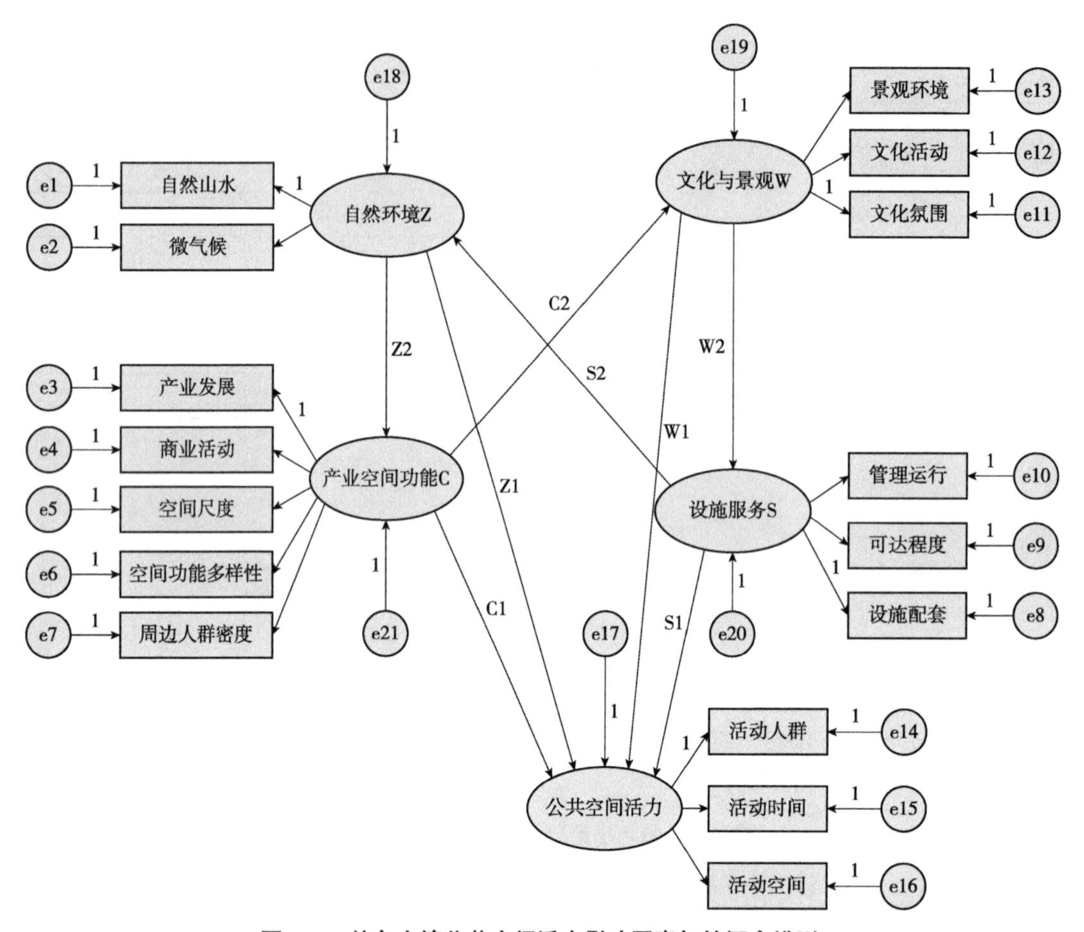

图4-4 特色小镇公共空间活力影响因素初始概念模型

在结构方程模型中，影响其他变量，同时自身的变化又假定是由因果关系模型外部的其他因素所决定的变量称为外生变量（exogenous variable），由外生变量和其他变量解释的变量称为内生变量（endogenous variable）。本概念模型包括4个外生变量（自然环境、产业空间功能、设施服务、文化与景观），1个内生变量（公共空间活力）。根据初始概念模型，提出如下假设路径：

假设Z1：自然环境对公共空间活力具有正向影响；

假设Z2：自然环境对产业空间功能具有正向影响；

假设C1：产业空间功能对公共空间活力具有正向影响；

假设C2：产业空间功能对文化与景观具有正向影响；

假设S1：设施服务对公共空间活力具有正向影响；

假设S2：设施服务对自然环境具有正向影响；

假设W1：文化与景观对公共空间活力具有正向影响；

假设W2：文化与景观对设施服务具有正向影响。

4.4.2 结构方程模型的识别

结构方程模型识别的必要条件是数据点的数量不能少于自由参数的数量，自由度不能为负[130]。结构方程模型能否被识别，需要判断模型能否求出唯一的参数估计值。对于初步设定的模型，本研究采用 t-法则进行识别。在 t-法则中，p 是指外生观测变量的个数，q 是指内生观测变量的个数，t 是需要估计的参数个数。

模型可被识别的一个必要条件是：

$$t \leqslant (p+q)(p+q+1)/2 \tag{4-2}$$

其中，模型的自由度：

$$df=(p+q)(p+q+1)/2-t \tag{4-3}$$

即自由度 $df=0$ 时，结构方程模型可识别；自由度小于 0，模型一定不能识别。本研究中，模型参数 t 的个数为 38，外生观测变量个数为 13，内生观测变量个数为 3，由公式(4-2)可知：$t=38 \leqslant (p+q)(p+q+1)/2=136$，因此，初设模型可以被识别。

4.4.3 结构方程模型的估计

结构方程模型的参数估计方法一般有极大似然法(maximum likehood)[130]、广义最小二乘法、布朗渐进分布自由标准、加权最小二乘法、自由量表最小二乘法。从目前大部分文献来看，研究影响因素之间的相互关系，都是采用极大似然法[114]，因此，本书也将采用这种参数估计方法对模型进行估计。

首先，进行所有观测变量的正态分布检验，观测变量的正态性。Kline[132]提出，当峰度的绝对值小于 10.0、偏态的绝对值小于 3.0 时，一般可视为符合单变量正态分布。由于本研究数据的偏态与峰度值的范围在-0.024 和 1.074 之间，均符合单变量正态分布(表 4-8)，由此可见，本研究的观测数据通过检验，可以采用 Amos24.0 软件来进行参数估计与模拟拟合度的检验。

表 4-8 所有观测变量的正态分布检验

变量	最小值	最大值	偏态	临界值	峰度	临界值
周边人群密度	1.000	5.000	0.445	2.675	-0.069	-0.206
空间功能多样性	1.000	5.000	0.707	4.255	0.344	1.033
景观环境	1.000	5.000	0.566	3.403	0.249	0.749
活动空间	1.000	5.000	0.639	3.840	0.297	0.894
活动时间	1.000	4.000	0.293	1.764	-0.502	-1.509
活动人群	1.000	4.000	0.562	3.378	-0.024	-0.073
文化氛围	1.000	5.000	0.412	2.479	0.045	0.135
文化活动	1.000	5.000	0.485	2.916	-0.055	-0.165
管理运行	1.000	4.000	1.074	6.458	0.813	2.445
设施配套	1.000	4.000	0.683	4.107	0.192	0.576
可达程度	1.000	4.000	0.586	3.522	-0.217	-0.652
空间尺度	1.000	5.000	0.651	3.917	0.319	0.958

（续）

变量	最小值	最大值	偏态	临界值	峰度	临界值
产业发展	1.000	5.000	0.276	1.661	-0.143	-0.430
商业活动	1.000	5.000	0.560	3.365	0.317	0.955
自然山水	1.000	5.000	0.854	5.135	0.310	0.932
微气候	1.000	5.000	0.658	3.957	0.238	0.714

4.4.4 结构方程模型的评价

4.4.4.1 评价标准

在进行结构方程模型估计后，需要评价模型的拟合度。通过对相关文献研究，发现对结构方程模型的评价一般需要通过基本拟合标准(Preliminary fit criteria)、整体模型拟合度(Overall model fit)和模型内在结构拟合度(Fit of Internalstructure of model)三方面[114]的评价。具体评价标准如下：

1. 基本拟合标准

该标准用于测试模型输入是否有误差，协方差是否为正，以及模型误差是否大于标准。主要包括以下4项：

(1)没有负的测量误差；

(2)因子荷载大于0.50；

(3)测量误差小于0.05，且达到显著性水平；

(4)没有非常大的标准误。

2. 整体模型拟合度

该标准是用来评价模型与数据的拟合程度。可分为3类指标：

(1)绝对拟合度(Absolute fit measures)指标检验：主要包括卡方值(x^2)、卡方自由度、P值、拟合度指数(GFI)值、近似误差均方根(RMSEA)等指标。

(2)增值拟合度(Incremental fit measures)：是假设模型和独立模型之间的增量拟合比较。增值拟合度指标通常将要测试的假设模型与独立模型进行比较，以判断模型的拟合程度。它包括增值拟合度指数(IFI)、常规拟合度(NFI)和比较拟合指数(CFI)。

(3)简约拟合度(Parsimonious fit measures)：用来估计模型的简约程度。主要包括简约基准拟合指标(PNFI)和简约拟合指标(PCFI)。

3. 模型内在结构拟合度

该指标是用来评价模型估计参数的显著性、各指标及潜在变量的重要性。主要包括：

(1)临界值(C. R.)：其绝对值需要大于1.96的参考值；

(2)显著性水平(P)：达到0.05为显著性水平；

(3)路径参数值越大，表示相关程度越高。

4.4.4.2 模型具体评价

运用Amos24.0进行结构模型评价，特色小镇公共空间活力影响因素初始概念模型检验结果如图4-5所示：

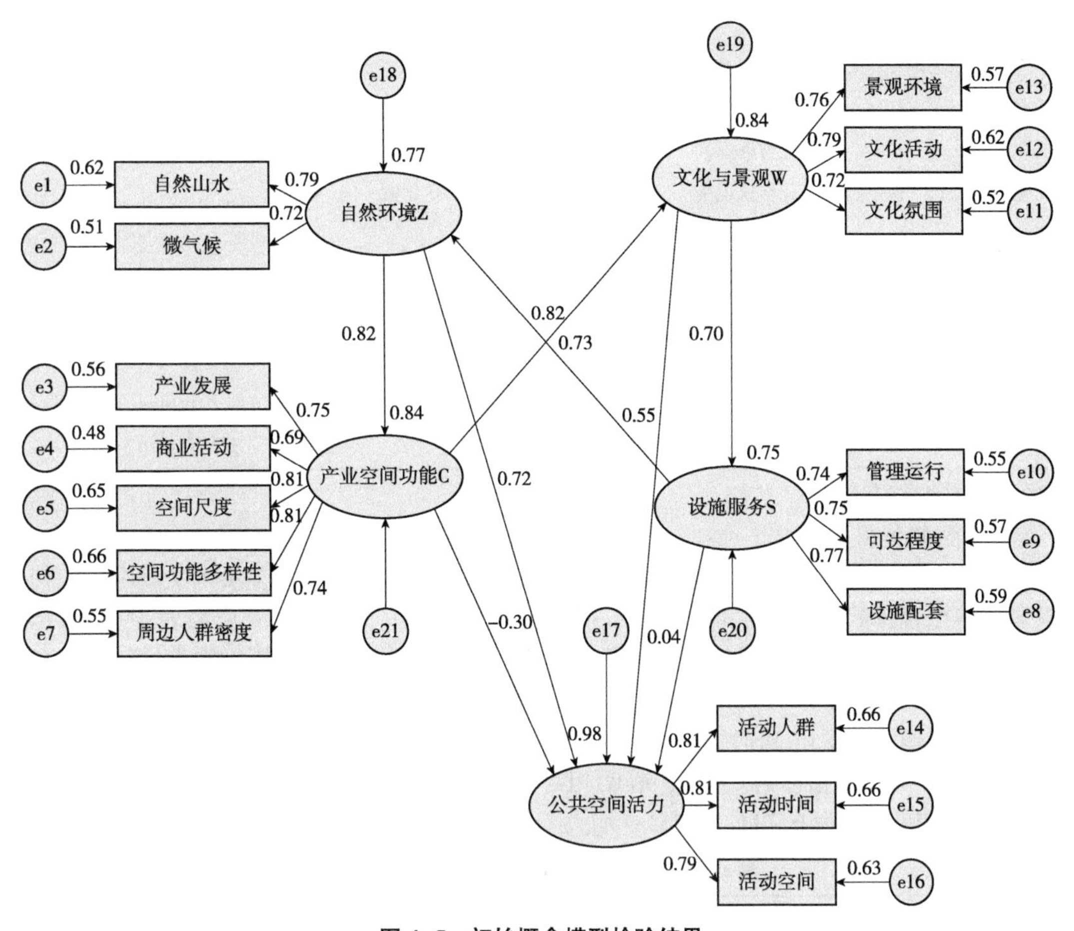

图 4-5　初始概念模型检验结果

(1)基本拟合标准

从初始概念模型检验的结果来看，各个显变量均很好地解释了它对应的潜变量。由表4-9可以看出，各变量因子载荷标准值均大于因子载荷0.5的标准，且各研究变量没有负的测量误差，标准误也都比较小，且 *P* 值都达到显著性水平，说明各因子对测量模型具有较强的解释能力。

表 4-9　初始概念模型各指标在其变量上的因子负荷

潜变量与显变量之间的关系			非标准化估计	标准化估计	标准误	临界值	*P* 值
微气候	<---	自然环境 Z	0.822	0.717	0.075	10.944	***
自然山水	<---	自然环境 Z	1.000	0.788	—	—	—
商业活动	<---	产业空间功能 C	0.923	0.695	0.089	10.310	***
产业发展	<---	产业空间功能 C	1.000	0.751	—	—	—
空间尺度	<---	产业空间功能 C	1.092	0.806	0.090	12.141	***
可达程度	<---	设施服务 S	1.048	0.753	0.095	11.039	***
设施配套	<---	设施服务 S	1.000	0.771	—	—	—

(续)

潜变量与显变量之间的关系			非标准化估计	标准化估计	标准误	临界值	*P* 值
管理运行	<---	设施服务 S	0.971	0.744	0.088	10.988	***
文化活动	<---	文化与景观 W	1.200	0.789	0.106	11.310	***
文化氛围	<---	文化与景观 W	1.000	0.720	—	—	—
活动人群	<---	公共空间活力	1.000	0.814	—	—	—
活动时间	<---	公共空间活力	1.032	0.814	0.075	13.768	***
活动空间	<---	公共空间活力	0.998	0.794	0.075	13.276	***
景观环境	<---	文化与景观 W	1.059	0.757	0.101	10.455	***
空间功能多样性	<---	产业空间功能 C	1.124	0.813	0.093	12.134	***
周边人群密度	<---	产业空间功能 C	1.011	0.742	0.091	11.070	***

注：*** 表示显著性水平 $P<0.001$。

(2)模型整体拟合指数评价

模型的整体拟合指数反映了模型与数据之间的一致性程度。在许多参考文献中，我们发现模型整体拟合指数评价的标准非常多，但结合大多数研究，本书主要应用表 4-10 所示的指标及标准来检验模型与数据的拟合程度。对特色小镇公共空间活力影响因素的初始概念模型进行拟合度测试(表 4-11)，研究发现：卡方与自由度的比值为 1.458，表示模型拟合度极佳；近似误差均方根(RMSEA)为 0.046，小于 0.05，为高度拟合；NFI 指标为 0.939、IFI 指标为 0.980、CFI 的指标为 0.980，表明相对拟合指数均高于参考标准 0.90；简约拟合指数 PNFI 和 PCFI 分别为 0.784、0.751，均大于 0.5，表示模型拟合好。

表 4-10　结构方程模型拟合度的评价标准

指数名称			评价标准
	代码	名称	
绝对拟合指数	x^2	卡方(Minimuo Fit Function Chi-square)	卡方与自由度的比值在 3~5 之间，属于可接受范围
	df	自由度(Degrees of Freedom)	卡方与自由度的比值在 1~3 之间，属于模型拟合度极佳的范围
	RMSEA	近似误差均方根(Root MeanSquare Error of Approximation	0.05≤RMSEA≤0.08 可接受范围；RMSEA≤0.05 模型高度拟合
相对拟合指数	NFI	常规拟合度(Normtaive Fit Index)	NFI>0.8 时，为可接受范围；NFI>0.9 时，模型拟合度良好
	IFI	增值拟合度指数(Incremental Fit Index)	IFI>0.8 时，为可接受范围；IFI>0.9 时，模型拟合度良好
	CFI	比较拟合指数(Comparative Fit Index)	CFI>0.8 时，为可接受范围；CFI>0.9 时，模型拟合度良好
简约拟合指数	PNFI	简约基准拟合指数(Parsimonious Norm Fit Measures)	PNFI>0.5，模型拟合好
	PCFI	简约拟合指数(Parsimcnious Fit PCFI>0.5，模型拟合好 Measures)	—

表 4-11 初始结构方程模型拟合指数

拟合指数	x^2	df	x^2/df	RMSEA	NFI	IFI	CFI	PNFI	PCFI
初始统计值	140.012	96	1.458	0.046	0.939	0.980	0.980	0.751	0.784

(3)模型内在结构评价

利用各潜变量之间的路径关系构成结构模型。通过结构模型的初步检验，模型中路径回归系数及检验指数如表 4-12 所示。结果显示：特色小镇公共空间活力影响机制模型中的 8 个假设因果关系路径中，其中假设 S1(设施服务→公共空间活力)的标准化路径系数为 0.037，临界值绝对值为 0.189，小于 1.96 的参考值，应当考虑删除；假设 C1 和 Z1 都没有达到 0.05 显著性水平，应考虑删除。其余 5 个假设因果关系中，假设 Z2(自然环境→产业空间功能)的标准化路径系数为 0.819，临界值为 6.726，P 值为 0.000；假设 C2(产业空间功能→文化与景观)的标准化路径系数为 0.822，临界值为 8.140，P 值为 0.000；假设 S2(设施服务→自然环境)的标准化路径系数为 0.726，临界值为 5.318，P 值为 0.000；假设 W1(文化与景观→公共空间活力)的标准化路径系数为 0.553，临界值为 2.202，P 值为 0.028；假设 W2(文化与景观→设施服务)的标准化路径系数为 0.701，临界值为 4.677，P 值为 0.000。通过显著性检验，可以判断这 5 个路径关系成立。

表 4-12 初始结构方程模型的路径参数估计

潜变量之间路径关系			非标准化估计	标准化估计	标准误	临界值	P 值
公共空间活力	<---	自然环境 Z	0.645	0.718	0.341	1.891	0.059
公共空间活力	<---	文化与景观 W	0.623	0.553	0.283	2.202	0.028
公共空间活力	<---	产业空间功能 C	-0.322	-0.297	0.352	-0.915	0.360
公共空间活力	<---	设施服务 S	0.041	0.037	0.216	0.189	0.850
文化与景观 W	<---	产业空间功能 C	0.792	0.822	0.097	8.140	***
设施服务 S	<---	文化与景观 W	0.720	0.701	0.154	4.677	***
自然环境 Z	<---	设施服务 S	0.886	0.726	0.167	5.318	***
产业空间功能 C	<---	自然环境 Z	0.678	0.819	0.101	6.726	***

注：*** 表示显著性水平 $P<0.001$。

4.4.5 结构方程模型的修正与评价

4.4.5.1 结构方程模型的修正

上述检验结果表明，各观测变量很好地解释了潜在变量，但模型内部结构的评价不符合指标建立的标准。因此，模型的整体拟合并没有达到理想状态。在 8 条假设路径中，3 条假设路径关系尚未建立，但这并不意味着概念模型本身存在问题，而是代表了其还有改进的空间，可以更好地符合数据所反映的模型。正如 Hatcher L[133] 所说，很少有模型能一次成功完成。因此，需对模型进行修正和微调，以使每个指标都能达到标准的参数值。

修改结构方程模型[134] 的主要方法有：一是增加或减少外生变量并改变矩阵中的列数。二是增加或减少内生变量，即增加或减少方程的行数，改变矩阵；三是在保持内、外生变量不变的前提下，在变量矩阵中加入或删除关系路径，即自由估计元素；四是保持外生变量、内生变量及其路径关系不变，只修改残差的协方差。

本研究修改思路如下：内生变量和外生变量的观察变量均能很好地对它们进行解释，因此，不考虑对它们进行删除。由于有 3 条路径关系不成立，首先考虑删除最不具有显著影响的路径，接着根据模型修改指数表修正残差的协方差，再进行模型拟合，如果拟合度仍然不是十分理想的话，则考虑删除第二条路径关系，以此类推，直到获得拟合度良好的模型为止。

根据候杰泰等[134]的观点，修改模型时，一次只修改一个参数，因为当修改一个参数时，其他参数或路径也会发生变化。

因此，本模型按照以下方法进行修正：第一步，删除假设路径关系 S1“设施服务对公共空间活力存在正向影响”，接着根据模型修改指数表修正残差的协方差，首先是 e11 和 e12，e11 是文化氛围指标的残差项，e12 是文化活动指标的残差项，文化氛围的营造往往需要文化活动的支持，而文化活动常常会影响文化氛围，因此，两者具有较大的相关性。在修正后，通过拟合检验发现其余路径关系均已通过检验，唯有假设 C1(产业空间功能→公共空间活力)的临界值为-1.154，绝对值仍然小于参考值 1.96，且没有达到 0.05 显著性水平，表明此路径关系不具有显著影响，因此，在进行第三步模型修正时考虑将其进行删除。完成后结果显示：各修正指数参数值为正，临界值的绝对值远远超过 1.96 的参考值，存在较小的标准误，*P* 值均小于 0.005，可以认为上述 6 条路径关系均成立。

4.4.5.2 修正后结构方程模型的评价

修正之后，模型各项拟合指标都全部需要再次验证，与初设模型一样，从 3 个方面进行验证：

(1)修正后模型基本拟合标准评价

通过对修正后测量模型的检验(表 4-13)，结果表明：各显变量对潜在变量的标准化因子载荷介于 0.686~0.815 之间，均大于 0.5 的参考值。修正后的模型无负的误差变异，标准误较小；临界值的绝对值均远远大于 1.96 的标准，且全部参数估计达到统计显著性水平。整体而言，修正模型的因子对测量模型有很强的解释力。

表 4-13 修正后模型各指标在其变量上的因子负荷

潜变量与显变量间关系			非标准化估计	标准化估计	标准误	临界值	*P* 值
微气候	<---	自然环境 Z	0.817	0.726	0.074	11.029	***
自然山水	<---	自然环境 Z	1.000	0.804	—	—	—
商业活动	<---	产业空间功能 C	0.922	0.693	0.090	10.279	***
产业发展	<---	产业空间功能 C	1.000	0.749	—	—	—
空间尺度	<---	产业空间功能 C	1.090	0.803	0.090	12.087	***
可达程度	<---	设施服务 S	1.049	0.752	0.095	11.089	***
设施配套	<---	设施服务 S	1.000	0.770	—	—	—
管理运行	<---	设施服务 S	0.969	0.741	0.088	10.962	***
文化活动	<---	文化与景观 W	1.218	0.764	0.102	11.951	***

（续）

潜变量与显变量间关系			非标准化估计	标准化估计	标准误	临界值	*P* 值
文化氛围	<---	文化与景观 W	1.000	0.686	—	—	—
活动人群	<---	公共空间活力	1.000	0.813	—	—	—
活动时间	<---	公共空间活力	1.033	0.815	0.075	13.794	***
活动空间	<---	公共空间活力	0.997	0.792	0.075	13.247	***
景观环境	<---	文化与景观 W	1.118	0.762	0.110	10.134	***
空间功能多样性	<---	产业空间功能 C	1.127	0.814	0.093	12.146	***
周边人群密度	<---	产业空间功能 C	1.014	0.743	0.091	11.086	***

注：*** 表示显著性水平 $P<0.001$。

(2)修正后模型整体拟合度评价

将修正模型的拟合指数与初始概念模型的拟合指数进行比较（表 4-14）：修正后模型的拟合度比初始模型表现得更好，可以认为修正模型的总体拟合度好，相关路径是有效的。

表 4-14　初始模型与修正后模型拟合指标比较

模型拟合指数		初始统计值	修正拟合值	参考值	评价结果
绝对拟合指数	x^2	141.670	129.350	—	—
	df	95	97	—	—
	x^2/df	1.470	1.334	≤5	模型拟合度极佳
	P	0.002	0.016	<0.05	模型拟合好
	RMSEA	0.047	0.039	≤0.08	模型高度拟合
相对拟合指数	NFI	0.939	0.943	≥0.90	模型拟合度良好
	IFI	0.980	0.985	≥0.90	模型拟合度良好
	CFI	0.979	0.985	≥0.90	模型拟合度良好
简约拟合指数	PNFI	0.743	0.763	≥0.50	模型拟合好
	PCFI	0.775	0.796	≥0.50	模型拟合好

(3)修正后模型内在结构评价

潜变量与修正模型误差项系数之间的路径关系如表 4-15 所示。

表 4-15　修正模型潜在变量之间参数估计

潜变量之间的路径			非标准化估计	标准化估计	标准误	临界值	*P* 值
公共空间活力	<---	自然环境 Z	0.388	0.440	0.151	2.571	0.010
公共空间活力	<---	文化与景观 W	0.671	0.568	0.203	3.299	***
文化与景观 W	<---	产业空间功能 C	0.782	0.849	0.096	8.122	***
设施服务 S	<---	文化与景观 W	0.861	0.801	0.130	6.636	***
自然环境 Z	<---	设施服务 S	0.844	0.676	0.176	4.796	***
产业空间功能 C	<---	自然环境 Z	0.606	0.748	0.091	6.643	***

注：*** 表示显著性水平 $P<0.001$。

从表 4-15 可以看出，修正后的模型全部通过显著性检验。表明假设的 6 条路径关系全部存在显著的正向影响。其中影响最大的是产业空间功能对文化与景观的影响，可以看出，在特色小镇的公共空间中，文化与景观追随了产业的空间布局。

由上述的分析可以看出，经过三步修正后的模型拟合度极为良好，可以作为本研究的最终结构方程模型，即特色小镇公共空间活力影响机制模型，如图 4-6 所示，图中椭圆形中的自然环境、产业空间功能、文化景观、设施服务、公共空间活力与其箭头相连的矩形表示它的观测变量，圆圈表示残差，箭头表示因果关系，箭头上的数字是变量之间的标准化回归系数。

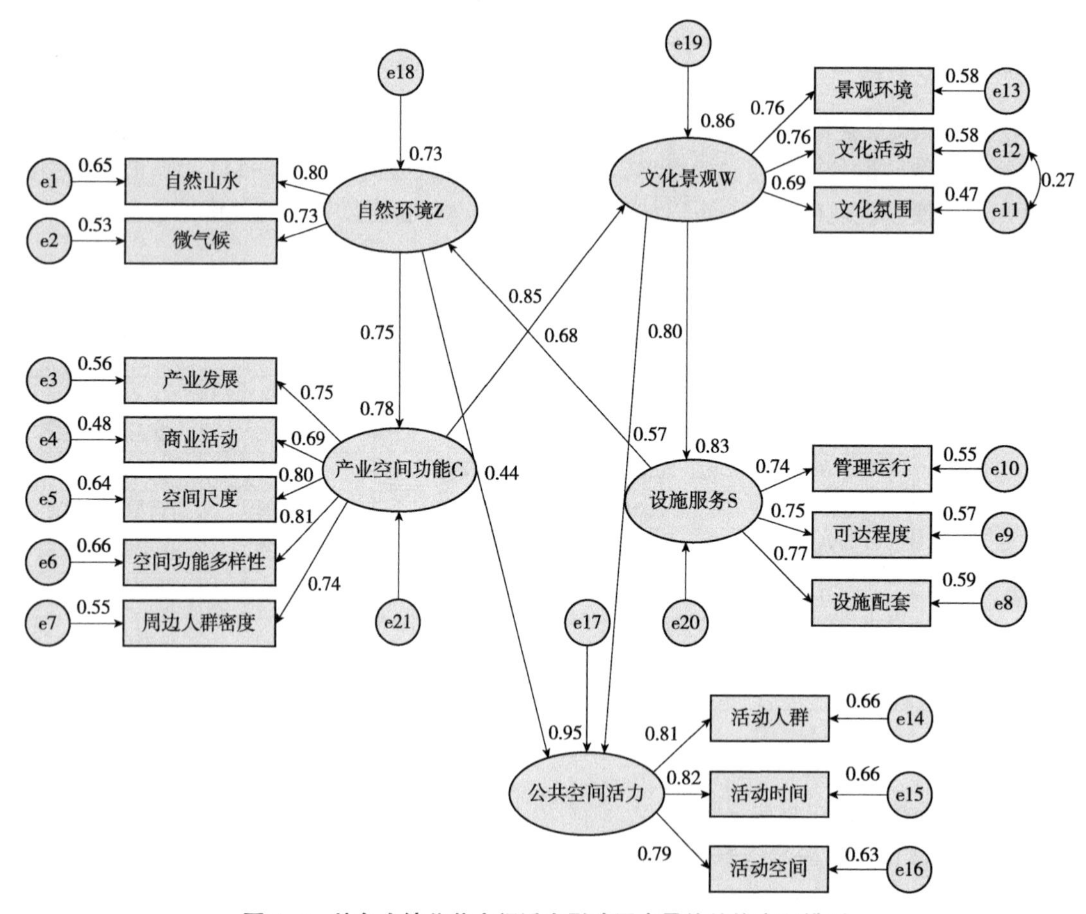

图 4-6 特色小镇公共空间活力影响因素最终结构方程模型

4.4.6 结构方程模型阐释

4.4.6.1 测量模型阐释

通过对测量模型(图 4-6)箭头上的数值进行分析，结果显示，各观察变量与潜变量之间路径的标准化参数估计均大于 0.5，且在 0.001 水平上统计显著，说明各指标对模型具有较强的解释能力。

在构成模型的 4 个外在潜变量中，自然环境变量由 2 个指标构成：自然山水与微气候，指标与潜变量之间的因子关系分别是：0.80、0.73。这意味着自然环境对特色小镇公共空间活力的影响更多地体现在自然山水方面，但微气候的解释力度也不弱。

产业空间功能变量由5个指标构成：产业发展、商业活动、空间尺度、空间功能多样性、周边人群密度，指标与潜变量之间的因子关系分别是：0.75、0.69、0.80、0.81、0.74。这意味着产业空间功能对特色小镇公共空间活力的影响更多地体现在空间尺度与空间功能的多样性方面，商业活动的解释力度相对较弱。

设施服务变量由3个指标构成：设施配套、可达程度、管理运行，指标与潜变量之间的因子关系分别是：0.77、0.75、0.74。这3项指标非常接近，意味着设施服务对特色小镇公共空间活力的影响均衡地体现在这三方面，其中设施配套的解释力度相对较强。

文化与景观变量由3个指标构成：景观环境、文化活动、文化氛围，指标与潜变量之间的因子关系分别是：0.76、0.76、0.69。这3项指标也非常接近，意味着文化与景观对特色小镇公共空间活力的影响均衡地体现在这三方面，但景观环境和文化活动相对来说解释力度更大。

公共空间活力潜变量由3个指标构成：活动人群、活动时间、活动空间，指标与潜变量之间的因子关系分别是：0.81、0.82、0.79。这3项指标非常接近，相对来说，活动人群与活动时间更能解释公共空间的活力度，这与很多文献中分析的公共空间的活力度需要考察公共空间中活动人群的活动时间不谋而合。

4.4.6.2 结构模型阐释

对修正之后的模型中各潜变量之间的内在关系路径系数进行估计，结果显示修正后的6条假设路径都可以被接受。文化与景观、自然环境对公共空间活力具有直接影响作用，而产业空间功能与设施服务则通过文化与景观因素、自然环境因素对公共空间活力产生间接影响。间接影响可以表达出某些复杂的作用机理，它的计算方法是在经由路径关系中，从起始变量到结束变量之间所有的路径系数相乘，如产业空间功能对文化与景观的影响参数为0.85，而文化与景观对公共空间活力的影响参数为0.57，那么产业空间功能通过文化与景观对公共空间活力的影响值就是0.485。在某一因果关系中，总影响值(Total Effects)是起始变量到终点变量之间直接影响和间接影响的总和。路径关系中，常常不只有直接影响，也常常不只有一条路径的间接影响，所建立的最终结构方程模型中反映了这一复杂的关系。将修正模型中6条路径检验结果效果汇整(表4-16)，从该表可以清晰地看到各潜变量之间相互作用的机理，其他结果见附录C。

首先，从直接影响来看，文化与景观、自然环境对特色小镇公共空间活力的影响参数分别为0.568和0.440，文化与景观对设施服务的直接影响参数为0.801，设施服务对自然环境的直接影响参数为0.676，产业空间功能对文化与景观的直接影响参数为0.849，自然环境对产业空间功能的直接影响参数为0.748。以上6个关系路径存在着显著影响正向影响。

从间接影响来看，文化与景观对公共空间活力的影响参数为0.661，设施服务对公共空间活力的影响参数为0.825，产业空间功能对公共空间活力的影响参数为1.044，自然环境对公共空间活力的影响参数为0.781。

最后，从总影响效果来看，对特色小镇公共空间活力影响最大的是文化与景观要素，其次为自然环境要素，产业空间功能对公共空间活力也产生了较大影响，相对影响较弱的是设施服务要素。

表 4-16　特色小镇公共空间活力影响分析

	标准化直接影响分析			
	文化与景观	设施服务	产业空间功能	自然环境
文化与景观	—	—	0.849	—
设施服务	0.801	—	—	—
产业空间功能	—	—	—	0.748
自然环境	—	0.676	—	—
公共空间活力	0.568	—	—	0.440
	标准化间接影响分析			
	文化与景观	设施服务	产业空间功能	自然环境
文化与景观	0.524	0.654	0.445	0.968
设施服务	0.420	0.524	1.038	0.776
产业空间功能	0.617	0.770	0.524	0.392
自然环境	0.826	0.354	0.701	0.524
公共空间活力	0.661	0.825	1.044	0.781
	标准化总影响分析			
	文化与景观	设施服务	产业空间功能	自然环境
文化与景观	0.524	0.654	1.295	0.968
设施服务	1.222	0.524	1.038	0.776
产业空间功能	0.617	0.770	0.524	1.140
自然环境	0.826	1.030	0.701	0.524
公共空间活力	1.230	0.825	1.044	1.221

4.5　特色小镇公共空间活力影响机制分析

4.5.1　文化与景观影响因素的分析

文化与景观因素对小镇公共空间活力的直接影响参数为 0.568，是 4 项潜变量中最高的，间接影响参数为 0.661，总影响参数为 1.230。这说明对于特色小镇的公共空间来说，景观环境与文化氛围、文化活动仍然是小镇公共空间活力最主要的影响要素。每个特色小镇都有其独特的文化，因此，公共空间文化氛围的营造是提升小镇空间活力的重要手段。小镇应以地方文化为基础，挖掘其历史，保护小镇的原始文化和民俗，充分利用传统文化资源。如保护利用小镇独特的文化符号，包括塔楼、走廊、古塔、古桥、古亭等建筑元素，也包括山、水、林、田、湖等自然景观元素，通过它们来增强小镇居民的文化信心；另外，反映小镇丰富文化的景观场所和设施，也是小镇重要的文化空间和小镇精神风貌的展现，方便满足特色小镇公共空间使用者对高层次文化精神的追求，对提高使用者文化素质也有良好的促进作用。

4.5.2 自然环境影响因素的分析

自然环境因素对小镇公共空间活力的直接影响为0.440，间接影响为0.781。这说明使用者在使用公共空间时会首先考虑自然环境的品质。而在自然环境的因素中，使用者们更关注小镇的自然山水质量，这是由于山水特征是特色小镇发展状态的首要直观感受之一，特色小镇选址必然要与山水地貌有机结合，在公共空间营造时，要将良好的自然山水环境显露出来。有的公共空间就设置在山脚或水边，那么需要将活动的空间靠着山、临着水，让人们能与山水接触更加紧密；有的公共空间虽然不靠山临水，但可以通过视线组织，将山水环境引入到公共空间中。当然，最为重要的还是需要尊重特色小镇原有的山水地貌来进行公共空间的建设，维护特色小镇的山水肌理，保护小镇的自然生态环境，促进小镇公共空间活力的提升。

微气候是公共空间品质的重要构成要素，也是影响人们户外活动的主要环境因素[135]，公共空间的气候会潜移默化地影响人们的行为和户外空间的使用情况[136]，这与模型反映出的结果非常吻合。扬·盖尔[99]在《人性化的城市》中也提出，在微气候舒适的环境下，公共空间中活动人数就算没有增加，每个人活动的时长也得到了极大的提高，这意味着在同样的活动人数情况下，活动的时间持续性得到了加强，也就因此促进了公共空间活力的提升。

4.5.3 产业空间功能影响因素的分析

产业空间功能对小镇公共空间活力通过自然环境、文化与景观等因素产生了较大的影响，其影响参数为1.044。产业发展动力强、产业类型与居民生活紧密联系、产镇融合度高的特色小镇更容易促进小镇公共空间活力的提升。特别是产镇融合，本质上反映的是一种小镇协调、可持续发展的理念。“融合”把产业和小镇看作良性互动的有机整体，从而实现系统发展，使得产业依附于小镇，小镇更好地服务于产业。只有这样，才能为小镇的公共空间中增添更多的使用人群，促进小镇公共空间的活力发展。

4.5.4 设施服务影响因素的分析

设施服务对小镇公共空间活力的影响通过自然环境和文化与景观要素产生影响，其影响参数为0.825。公共空间是特色小镇居民、从业者及外来旅游者的交流活动空间，其核心的功能是支持使用者对公共活动使用的需要，同时帮助人们观察、认知、理解小镇，从而对小镇产生更多的认同感。而特色小镇公共空间的设施配套、可达程度和管理运行将对空间内的公共活动产生一定的影响，设施服务影响因素中设施配套的影响程度最大。有学者也认为通过公共空间设施使用的便捷性可以看出公共空间是如何被使用的[137]。通过调查公共空间的活动人数、活动质量以及公共空间各项服务设施数量，发现特色小镇公共空间设施极大地影响着公共空间活力的形成。在特色小镇的公共空间内设置艺术装置类、小品构筑类、景观场所类的配套设施，可以增加使用者在空间停留的可能性，通过事件进一步激发小镇的公共空间活力，就能实现采用最小形式的介入来得到最大的改变。其次，可达程度也被使用者较多的关注。C·亚历山大提出[138]人的可达性是空间首要因素，所以在建造一座新的建筑时，需要首先考虑人行的空间，其次再去考虑人所使用的建筑物，最后才需要考虑公路，让汽车可以开到建筑物的前面。中南大学蒋涤非教授认为沿街建筑的底层，应鼓励多提供可为步行环境增添趣味和吸引力的透明立面，并合理设置贯穿街廓的巷道或局部设置放大的空间以促进行人的流通，从而增加行人的活动和购物机会[21]。在特色小镇的公共空间中，汽车的停放和行驶应为人们到达公共空间提供便利，在小镇的公共空间内，应着重考虑步行的需求，通过沿路景观环境的提升和视景视线的打造，提高美化步行的环境。根据步行需要可将人行道拓宽并提供可加强步行环境品质和舒适程度的设施。另外，需特别重视残疾人、弱势群体、老年人和幼童的需要，增加无障碍设施，显示社会的公平性，同时也意味着小镇公共空间的活力针对的不只是社会精英，而是所有人群。

4.6 本章小结

本章通过问卷调查，对第三章所总结的特色小镇公共空间活力影响要素进行了因子分析，建立了包括 4 个外生潜变量、1 个内生潜变量，16 个观察变量的结构方程模型。主要取得以下结果：

(1)通过因子分析确定了特色小镇公共空间的活力影响因素的 4 个外生潜变量，分别为自然环境影响因素、产业空间功能影响因素、设施服务影响因素和文化与景观因素，它们包含了自然山水、微气候、产业发展、商业活动、空间尺度、空间功能多样性、周边人群密度、设施配套、可达程度、管理运行、景观环境、文化氛围、文化活动共 13 个观察变量；确定了 1 个内生潜变量为公共空间活力，它包含活动人群、活动时间、活动空间 3 个观察变量。

(2)在构成模型的 4 个潜在变量中，自然环境变量由 2 个指标构成：自然山水(0.80)与微气候(0.73)，其中，自然山水对公共空间活力的解释力度更强。产业空间功能变量由 5 个指标构成：产业发展(0.75)、商业活动(0.69)、空间尺度(0.80)、空间功能多样性(0.81)、周边人群密度(0.74)，其中，空间多样性对公共空间活力的解释力度更强，商业活动相对较弱。设施服务变量由 3 个指标构成：设施配套(0.77)、可达程度(0.75)、管理运行(0.74)，设施服务对公共空间活力的影响均衡地体现在这三方面，其中设施配套的解释力度相对较强。文化与景观变量由 3 个指标构成：景观环境(0.76)、文化活动(0.76)与文化氛围(0.69)，其中，景观环境和文化活动相对来说解释力度更大。公共空间活力潜变量由 3 个指标构成：活动人群(0.81)、活动时间(0.82)、活动空间(0.79)，相对来说，活动人群与活动时间更能解释公共空间的活力度。

(3)通过分析特色小镇公共空间活力的影响因素结构模型发现，4 个要素对公共空间活力的影响值依次为：文化与景观(1.230)>自然环境(1.221)>产业空间功能(1.044)>设施服务(0.825)。因此，特色小镇应该充分重视文化与景观的建设和自然山水环境的保护，用小镇的产业发展带动公共空间周边商业活动的开展，以促进小镇公共空间活力的提升。

5 特色小镇公共空间活力评价体系

第 4 章已经通过建立结构方程模型分析了特色小镇公共空间活力影响因素之间的相互关系，本章依据这些影响因素，结合相关文献进行评价因子筛选，运用焦点访谈确定最终的指标因子，共获得 4 个大类(评价指标)、9 个小类(活力要素)，29 项影响因子的特色小镇公共空间活力评价指标体系，它们包含 3 个层次：影响因子—活力要素—评价指标，接着通过层次分析法进行分析计算，获得各层次的指标权重，与指标体系相结合建立了特色小镇公共空间活力评价体系。最后，根据评价体系划分五级量化标准。本章的具体研究思路如图5-1所示。

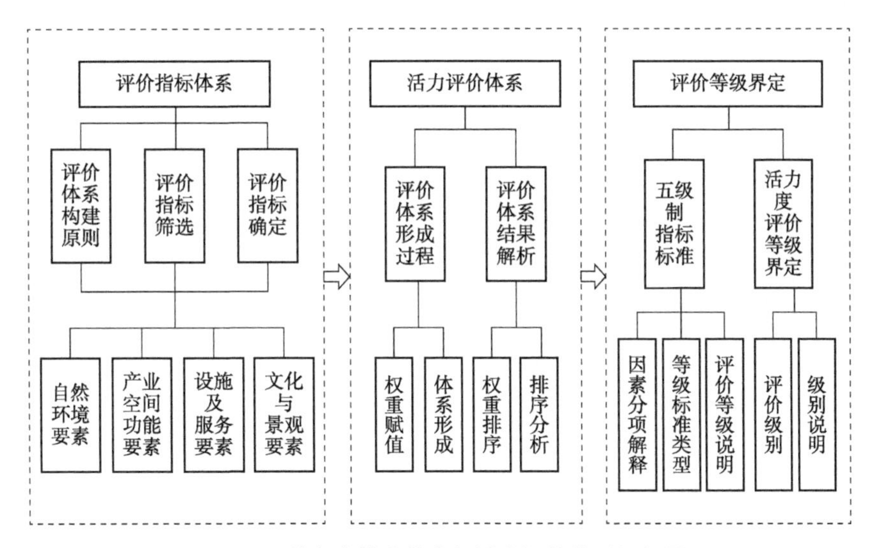

图 5-1　特色小镇公共空间活力评价体系框架图

5.1　评价体系建立原则

5.1.1　科学性原则

特色小镇公共空间活力评价体系的内容必须体现科学性，无论是指标的设置，还是指标权重的确定，都需要根据公共空间评价的相关理论来出发，并充分体现特色小镇的经济、社会、环境、文化特征。

5.1.2 实践性原则

特色小镇公共空间活力评价不仅要从理论出发，体现小镇的发展特点，也需要符合当前我国特色小镇建设的实际情况，所构建的评价指标体系要能够通过小镇公共空间外在活力特征的检验，由此进一步完善小镇公共空间活力评价指标系统。

5.1.3 全面性原则

特色小镇公共空间活力评价指标体系的构建要充分考虑不同产业类型、不同用地特点的小镇，尽可能地包含小镇 4 种不同类型的公共空间评价。

5.1.4 易操作性原则

特色小镇公共空间活力评价指标的选取应简洁、方便，易于计量和分等级。评价指标并不是越庞大、越复杂越好，需要考虑实践中的易操作及指标采集的可靠性，同时，特色小镇由于它独特的特点，在指标选取时，应尽量选择能够反映特色小镇公共空间特点的相关指标，并且在应用过程尽量运用和参考借鉴关键绩效指标法，也就是人们常说的“二八原理”，即抓住 20%的关键内容，对它们进行分析和衡量，简化评价指标。

5.1.5 可比性原则

特色小镇公共空间活力评价指标的设置还需要充分考虑可比性原则，虽然特色小镇的建设时间还不长，但在进行评价指标体系构建时仍然需要考虑同一时期不同类型的特色小镇公共空间活力之间的横向比较以及不同时期特色小镇公共空间活力的纵向比较，以此来判断特色小镇不同发展阶段公共空间活力的优劣。

5.2 评价指标筛选

根据第 4 章特色小镇公共空间影响机制的分析，特色小镇公共空间活力主要受自然环境、产业空间功能、设施服务及文化与景观因素的影响。在指标筛选过程中，主要结合以往学者对城市公共空间活力进行的较为成熟的研究(表 5-1)，并重点分析 PPS 机构的公共空间评价要素(图 5-2)和汪海、蒋涤非的城市公共空间活力度评价体系(表 5-2)，将上述 4 类影响因素的指标进一步细化。

表 5-1 研究公共空间评价的主要代表人物与影响因子

研究者	研究对象	目标	评价要素类别	因子数量
马库斯[16]	城市	公共空间人性化程度	选址、尺度、微气候、视觉复杂性、活动、地面变化、公共艺术、铺装、维护、事物、商业、便利设施	168

（续）

研究者	研究对象	目标	评价要素类别	因子数量
Jan Jehl[99]	城市	公共空间	防护性、舒适性、愉悦性	12
M. Marlo Cavnar; A. Karen Krtland H. Martin Evans etc[98]	城市	公共空间 公共娱乐设施的质量	安全、环境和维护	61
PPS 机构	城市	公共空间	社交性、使用活动、通行衔接、舒适形象	33
王飞宇[153]	传统村落	空间	生活空间活力、生产空间活力、生态空间活力、交通空间活力、传统文化空间活力	26
王鹤，孔德静，徐嵩[154]	城市	公共空间	参与性、驻留性、交往性、文化性	22
周进，黄建中[155]	城市	公共空间品质	支持使用活动、形象认知、运行保障	60
陈非[137]	严寒城市	公共空间 景观活力	自然活力、区位活力、空间活力和设施活力、文化活力	26
汪海，蒋涤非[24]	城市	公共空间活力	感官活力、社会活力、经济活力、文化活力	35
阿龙多琪[156]	景区依托型村落	公共空间活力	使用者、活动、交通可达、界面、内部环境、服务设施、维护管理	39
任彬彬，忻益慧[157]	特色村寨	公共空间活力	文化活力、空间活力、环境活力、设施活力	28

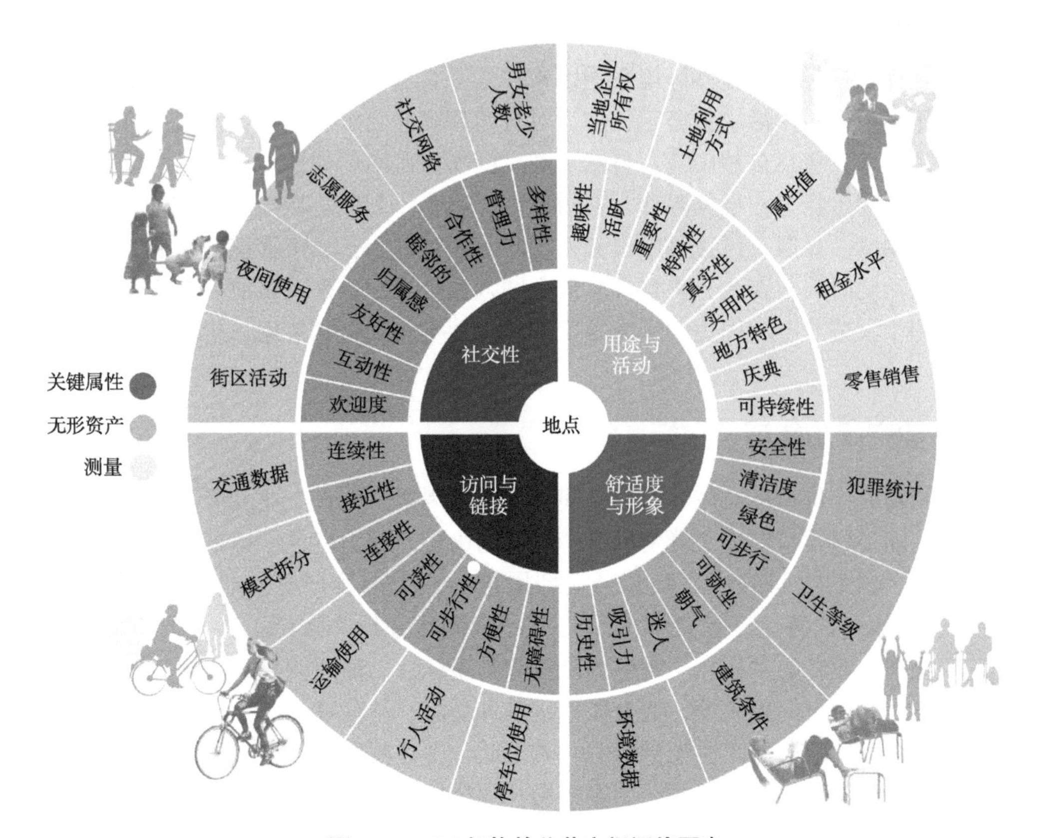

图 5-2 PPS 机构的公共空间评价要素

表 5-2 城市公共空间活力评价体系

指标名称	指标分解	因子数量	指标权重
感官活力	环境适宜、视觉景观、建筑设施	12	37.4%
社会活力	管理运行、可达程度	8	20.5%
经济活力	边际效益、土地利用、聚集规模	8	28.5%
文化活力	文化活动、文化品位	7	13.6%
总计		35	100%

5.2.1 文化与景观评价指标

文化与景观评价指标对应着文化与景观影响因素。文化与景观影响因素是特色小镇公共空间活力中最重要的影响要素，因此，在选择评价指标时，广泛参考了国内外专家学者的评价体系，提出了以下影响因子：视线与视景、景物风格与特色、硬质景观、铺装材料、绿化、景观小品、景观建(构)筑、水景、运动设施与场所、儿童设施与场所、休憩设施、休憩场所、历史文化的保护与延续、空间归属感、文化小品、使用者对空间的情感、文化活动内容、文化活动可参与性、文化活动趣味性、文化活动影响力。

5.2.2 自然环境评价指标

自然环境评价指标对应自然环境影响因素，主要包含自然山水和微气候 2 个二级指标。特色小镇由于融生产、生活、生态于一体，对自然环境的要求非常高，因此，将自然环境类的指标都筛选进来，包括自然山体、自然水系、植物覆盖率、地形地貌。微气候指标的选取尽可能选择一些定量指标，根据陈菲[137]的研究，温度、日照是影响公共空间使用的主要因素，因此，将温度、日照、风速等因素选入其中。而近些年，城市雾霾的影响，很多人减少了公共空间的活动时间，因此，将空气质量也纳入评价指标中来。目前，许多特色小镇仍在持续建设过程中，公共空间周边的噪声常常影响公共空间的正常使用，所以把噪声也选入指标之中。

5.2.3 产业空间功能评价指标

产业空间功能评价指标对应着产业空间功能影响因素，包含产业发展、商业活动、空间尺度、空间功能多样性、周边人群密度 5 个方面的内容。作为特色小镇来说，产业发展是特色小镇的根本，公共空间的活力势必会受到周边产业类型及产业发展状况的影响。刘善庆[139]在对景德镇陶瓷特色产业集群的历史变迁与演化分析中强调了产业与空间的紧密关系，陶瓷产业和从业者的多样性，对应的是空间的多样性。而产业技术的学习与传播，需要空间的高密度，促使人们更频繁、更方便地接触和交流，从业者们在学习、竞争、协作的过程中不断提高，有助于形成产业集群活力，基于此，考虑将产业类型、产业发展动力、产镇融合度、场地的规模、空间的围合、功能布局、周边用地性质、周边人口密度等产业空间特色的指标纳入其中。另外，很多特色小镇都包含了历史街区，尹波宁等[140]认为，商业开发逐渐成为历史文化街区活力焕发的主要途径之一。因此，也考虑将商业内容、店面设计等因素放进指标之中。

5.2.4 设施服务评价指标

设施服务评价指标对应设施服务功能影响因素。包含设施配套、可达程度、管理运行3个方面。高永波等[141]指出，公共配套服务设施对于城市活力特别是新区的活力提升大有裨益。对于特色小镇来说，配套的公共设施可以让使用者感受到小镇的温度与特色，对加强使用者对小镇的认可度和归属感极为重要。根据PPS机构的公共空间评价要素，可步行、管理、夜间照明、无障碍性、交通可达、停车设施是影响公共空间活力的设施管理因素，汪海、蒋涤非的城市公共空间活力度评价体系中充分考虑了公共空间的维护管理设施，如绿化维护水平、环境清洁等，对于特色小镇来说，还兼具有旅游的功能，标识系统对于旅游者来说非常重要，另外，随着AI的广泛应用，许多小镇已经开始使用智能设施来进行公共空间的管理。因此，将无障碍交通系统、道路安全、夜景照明、智能设施、安全保障、环境清洁、绿化维护水平、公众参与、设施运行保持、停车场地、标识系统、步行系统、公共交通纳入设施服务评价指标之中。

综上，共预设了52项影响因子，它们对人们在特色小镇公共空间内的活动有较大影响，见表5-3。

表5-3 特色小镇公共空间活力影响因子

	影响因素			
	文化与景观	自然环境	产业空间功能	设施服务
影响因子	视线与视景	自然山体	产业类型	无障碍交通系统
	景物风格与特色	自然水系	产业发展动力	道路安全
	硬质景观	植物覆盖率	产镇融合度	夜景照明
	铺装材料	地形地貌	空间围合	智能设施
	绿化	温度	空间尺度	安全保障
	景观小品	日照	功能布局	环境清洁
	景观建筑	风速	周边用地性质	绿化维护水平
	水景	空气质量	周边人口密度	公众参与
	运动设施与场所	噪声	商业内容	设施运行保持
	儿童设施与场所		店面设计	停车场地
	休憩设施			标识系统
	休憩场所			步行系统
	历史文化的保护与延续			公共交通
	空间归属感			

（续）

	影响因素			
	文化与景观	自然环境	产业空间功能	设施服务
影响因子	文化小品 使用者对空间的情感 文化活动内容 文化活动可参与性 文化活动趣味性 文化活动影响力			

5.3 评价指标的确定

5.3.1 焦点访谈分析

指标的筛选需要更多的研究与讨论，因此，采用焦点访谈分析来最终确定。焦点小组共计 6 个，每个小组由 6 位参与人组成，包括 5 位访谈者和 1 位主持人，每个小组进行 2 个小时左右的讨论。讨论议题主要围绕确定特色小镇公共空间活力的指标因素来进行。每个焦点小组成员的年龄、社会经历以及教育背景都比较接近，以方便他们能顺利沟通和交流。但是，6 个焦点小组之间成员的基本情况都不相同。比如，第一个焦点小组的组成人员基本为高校风景园林专业或建筑城规专业的大学教师，第二个焦点小组的组成人员基本为园林管理部门的人员，第三个焦点小组的成员基本为普通退休的居民……这样可以更好地确保小组样本特征的全面性。在焦点小组讨论过程中，主持人首先介绍讨论的目的、影响机制模型的分析结果，之后结合 4 个样本特色小镇实地调研时拍摄的照片和航拍视频，重点讨论预设的 52 项影响因子。在这一过程中，主持人可以通过一些情境话题的导入，吸引访谈者，引导他们表达出自己最真实的想法，并结合自身的认知与评价，选择认为最具影响力的因子。所有讨论内容都进行记录并反复分析，结合公共空间对人们活动的时间、人群、空间的影响，焦点小组对影响因子讨论后，原先的 52 项影响因子被修改至 29 项，比较符合前文所提出的指标易操作性原则。这些指标分别是自然山水、空气质量、日照、温度、风速、空间尺度、空间围合、商业内容、绿化、硬质景观、夜景照明、运动设施与场所、儿童设施与场所、休憩设施与场所、历史文化的保护与延续、文化活动趣味性、文化活动可参与性、文化活动影响力、产业类型、产镇融合度、安全保障、设施运行保持、环境清洁、停车场地、标识系统、步行系统、公共交通、周边用地性质、周边人口密度。根据特色小镇公共空间影响机制分析结果对这 29 项影响因子逐一归类，并根据建议微调了分类名称。

5.3.2 评价指标

根据本书对特色小镇公共空间活力评价研究的总体目标和地域特点，结合影响因子的选择、评价指标的筛选和活力要素的提取，构建了一个由 3 个层次组成的评价指标体系，具体如图 5-3 所示。

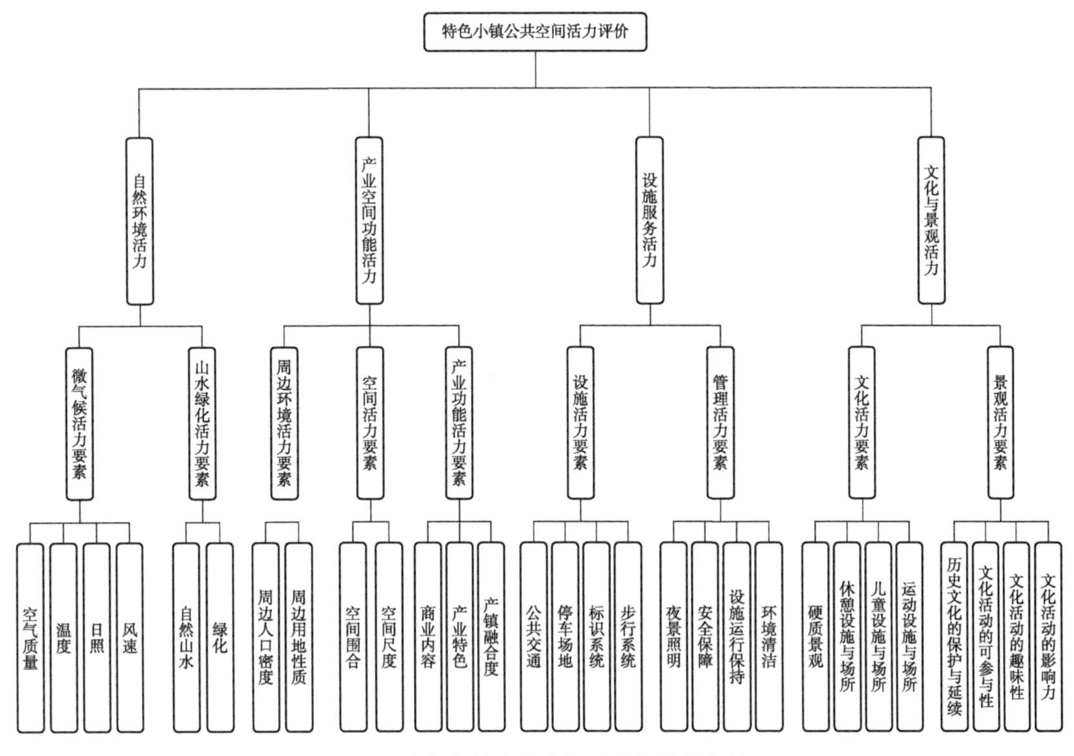

图 5-3 特色小镇公共空间活力评价指标体系

5.4 指标权重确定

在综合评价中，权重的确定方法有主成分分析法、熵权法、灰色评价法、德尔菲法、因子分析法和层次分析法。不同的权重往往代表不同的指标含义和不同的数学特征。层次分析法(AHP)简单实用，已广泛应用于社会经济研究的许多领域，主要是通过建立层次结构，将主观判断问题转化为定量形式。该方法适用于多目标决策，可用于评价方案的优劣。特色小镇公共空间活力属于多目标问题，因此本书采用层次分析法确定特色小镇公共空间活力评价指标体系权重。

5.4.1 层次分析法基本原理和步骤

层次分析法是由美国运筹学家 T. L. Saaty 首先提出，是将复杂的多目标决策问题作为一个系统，将目标分解为多个目标或准则，然后分解为多个级别的多个指标(或准则，约束)，并通过定性指标模糊计算量化作为目标(多指标)和多方案优化决策的系统方法的层次化单一排序(权重)和总排序。目前，该方法发展已经较为成熟，并广泛应用到多个领域，例如景区发展评估、游客满意度评估等。层次分析法操作见图 5-4。

图 5-4 层次分析法流程

层次分析法一般包括以下几个步骤：

(1)建立结构模型

列出与需要确定的问题相关的所有因素，然后从上到下分解为目标层、准则层或指标层、方案层等，绘制层次模型图。

(2)构造判断矩阵

在了解各因素相对重要性的基础上，采用 1~9 量表法，即量表分为 9 个层次，其中 9、7、5、3 和 1 分别对应绝对重要、非常重要、相对重要、稍重要和同等重要，8、6、4 和 2 标记位于两个相邻的级别之间。其一般形式如表 5-4 所示：

表 5-4 构造判断矩阵基本形式

A	A_1	A_2	A_3	……	A_n
A_1	a_{11}	a_{12}	a_{13}	……	a_{1n}
A_2	a_{21}	a_{22}	a_{23}	……	a_{2n}
A_3	a_{31}	a_{23}	a_{33}	……	a_{3n}
……	……	……	……	……	……
A_n	a_{n1}	a_{n2}	a_{n3}	……	a_{nn}

(3)一致性检验

它主要考量做判断的人的思维是否具有逻辑的一致性。例如，在成对比较中，认为因子 A_1 比 A_2 绝对重要，而 A_3 比 A_2 稍微重要。这时，如果认为 A_3 比 A_1 更重要，则逻辑上会不一致，需仔细考虑并调整判断。因此，在层次分析法中的一致性检验是判断矩阵的最大特征根以外的其余特征根的负平均值，用作衡量判断矩阵偏差的指标(CI)。其计算公式为：

$$CI = \frac{\lambda_{\max} - n}{n - 1} \tag{5-1}$$

当 $CI=0$ 时，意味着判断矩阵趋于完全一致；CI 越大，不一致的程度就越严重。对于多阶判断矩阵，引入平均随机一致性指数(RI)，即随机判断矩阵特征值的算术平均值经过 500 次以上的重复计算，得到 1~9 级判断矩阵，其对应的 RI 值如表 5-5 所示。另外，判断矩阵的结果不一致性具有一定的容许范围，该范围由一致性比率(CR)决定，即 $CR=CI/RI$，当 $CR<0.1$ 时，认为具有可接受的一致性；否则就需要调整修正判断矩阵，剔除不符逻辑的判断。

表 5-5 一致性检验表

n	1	2	3	4	5	6	7	8	9
RI	0	0	0.58	0.90	1.12	1.24	1.32	1.41	1.45

(4)层次单排序

本书主要运用方根法，计算步骤如下：

①判断矩阵阵列相乘得到新向量 M_i：$M_i = \prod_{j=1}^{n} a_{ij}$ (5-2)

②M_i 的 n 次方根：$\overline{W_i} = \sqrt[n]{M_i}$ (5-3)

③对向量进行归一化处理，得到权重向量：$W_i = \frac{\overline{W_i}}{\sum_{j=1}^{n} \overline{W_j}}$ (5-4)

④计算判断矩阵的最大特征根：$\lambda_{max} = \sum_{i=1}^{n} \frac{(AW)_i}{nW_i}$ (5-5)

(5)层次总排序

层次总排序是确定某一层次上所有因素对总体目标的相对重要性的过程。这个过程是按照从最高层到最低层进行的，也就是说，对于最高层，其单一排序的结果是总排序的结果。

5.4.2 评价指标权重计算

本书在因素赋权上采用通过分析统计特色小镇公共空间活力评价问卷的结果，然后用层次分析法确定各指标权重的方法。在特色小镇公共空间活力评价调研中，用德尔菲专家评价法，以获取层次分析法的判断矩阵。因此，评价专家的选择十分重要，它会影响评价指标体系的可信度与质量。根据打分数据获取的科学性、可行性和有效性的结果，经过认真分析，最终确定调查专家为在高校工作的城市规划、建筑学及风景园林专业教授 9 名，副教授 15 名，博士 15 名，有特色小镇规划设计项目经验的工程师 11 名。本部分评分调查主要于 2019 年 5—11 月之间展开，利用参加城市规划及风景园林年会等机会与专家进行面访收集数据，最终得到 50 份有效样本数据，后对 50 名专家的意见进行汇总整理，运用 Yahhp12.3 的 1~9 标度法构造判断矩阵并计算权重。

(1)一级评价指标判断矩阵

由公式 5-1~5-5 及表 5-6 得：一级评价指标层判断矩阵一致性比例为 0.0266；小于 0.1，具有满意一致性。最大特征根 λ_{max} 为 4.0710。

表 5-6 一级评价指标判断矩阵

特色小镇公共空间活力评价	文化与景观活力	设施服务活力	产业空间功能	自然环境活力	权重向量 W_i
文化与景观活力	1	3	3	2	0.4512
设施服务活力	0.3333	1	0.5	0.5	0.119
产业空间功能	0.3333	2	1	0.5	0.1689
自然环境活力	0.5	2	2	1	0.2609

(2)二级评价指标层判断矩阵

二级评价指标层判断矩阵中自然环境活力一致性比例为0.0000，小于0.1，具有令人满意的一致性，最大特征根λ_{max}为2.0000(表5-7)；产业空间功能一致性比例为0.0825，最大特征根λ_{max}为3.0858(表5-8)；设施服务活力一致性比例为0.0000，最大特征根λ_{max}为2.0000(表5-9)；文化与景观活力一致性比例为0.0000，最大特征根λ_{max}为2.0000(表5-10)。

表5-7　自然环境活力评价指标判断矩阵

自然环境活力	山水绿化活力要素	微气候活力要素	权重向量 W_i
山水绿化活力	1	0.5	0.3333
微气候活力要素	2	1	0.6667

表5-8　产业空间功能评价指标判断矩阵

产业空间功能	产业功能活力	空间活力	周边环境活力	权重向量 W_i
产业功能活力	1	5	6	0.7286
空间活力	0.2	1	0.5	0.1088
周边环境活力	0.1667	2	1	0.1626

表5-9　设施服务活力评价指标判断矩阵

设施服务活力	管理活力	设施活力	权重向量 W_i
管理活力	1	5	0.8333
设施活力	0.2	1	0.1667

表5-10　文化与景观活力评价指标判断矩阵

文化与景观活力	景观活力	文化活力	权重向量 W_i
景观活力	1	0.25	0.2
文化活力	4	1	0.8

(3)三级指标层判断矩阵

三级指标层判断矩阵中微气候活力要素的一致性比例0.0909，最大特征根λ_{max}为4.2472(表5-11)；山水绿化活力的一致性比例为0.0000，最大特征根λ_{max}为2.0000(表5-12)；周边环境活力的一致性比例为0.0000，最大特征根λ_{max}为2.0000(表5-13)；空间活力一致性比例为0.0000，最大特征根λ_{max}为2.0000(表5-14)；产业功能活力的一致性比例为0.0516，最大特征根λ_{max}为3.0536(表5-15)；设施活力的一致性比例为0.0386，最大特征根λ_{max}为4.1031(表5-16)；管理活力的一致性比例为0.0871，最大特征根λ_{max}为4.2324(表5-17)；景观活力的一致性比例为0.0806，最大特征根λmax为4.2153(表5-18)；文化活力的一致性比例为 0.0830，最大特征根 λ_{max} 为 4.2216(表 5-19)。

表 5-11 微气候活力评价指标判断矩阵

微气候活力要素	风速	日照	温度	空气质量	权重向量 W_i
风速	1	0.25	0.5	0.5	0.1105
日照	4	1	3	0.5	0.3455
温度	2	0.3333	1	0.5	0.1625
空气质量	2	2	2	1	0.3815

表 5-12 山水绿化活力评价指标判断矩阵

山水绿化活力	绿化	自然山水	权重向量 W_i
绿化	1	0.25	0.2
自然山水	4	1	0.8

表 5-13 周边环境活力评价指标判断矩阵

周边环境活力	周边用地性质	周边人口密度	权重向量 W_i
周边用地性质	1	2	0.6667
周边人口密度	0.5	1	0.3333

表 5-14 文化与景观活力评价指标判断矩阵

空间活力	空间尺度	空间围合	权重向量 W_i
空间尺度	1	3	0.75
空间围合	0.3333	1	0.25

表 5-15 产业功能活力评价指标判断矩阵

产业功能活力	产镇融合度	产业特色	商业内容	权重向量 W_i
产镇融合度	1	0.3333	0.5	0.1571
产业特色	3	1	3	0.5936
商业内容	2	0.3333	1	0.2493

表 5-16 设施活力评价指标判断矩阵

设施活力	步行系统	标识系统	停车场地	公共交通	权重向量 W_i
步行系统	1	3	3	4	0.5112
标识系统	0.3333	1	3	2	0.2485

（续）

设施活力	步行系统	标识系统	停车场地	公共交通	权重向量 W_i
停车场地	0. 3333	0. 3333	1	1	0. 1203
公共交通	0. 25	0. 5	1	1	0. 12

表 5-17 管理活力评价指标判断矩阵

管理活力	环境清洁	设施运行保持	安全保障	夜景照明	权重向量 W_i
环境清洁	1	3	0. 2	4	0. 1998
设施运行保持	0. 3333	1	0. 1667	4	0. 1109
安全保障	5	6	1	9	0. 6432
夜景照明	0. 25	0. 25	0. 1111	1	0. 0461

表 5-18 景观活力评价指标判断矩阵

景观活力	运动设施与场所	儿童设施与场所	休憩设施与场所	硬质景观	权重向量 W_i
运动设施与场所	1	0. 25	0. 25	0. 25	0. 0721
儿童设施与场所	4	1	3	3	0. 4943
休憩设施与场所	4	0. 3333	1	0. 5	0. 1804
硬质景观	4	0. 3333	2	1	0. 2532

表 5-19 文化活力评价指标判断矩阵

文化活力	文化活动的影响力	文化活动的趣味性	文化活动可的参与性	历史文化的保护与延续	权重向量 W_i
文化活动的影响力	1	0. 3333	0. 5	0. 5	0. 115
文化活动的趣味性	3	1	2	3	0. 4319
文化活动的可参与性	2	0. 5	1	4	0. 3127
历史文化的保护与延续	2	0. 3333	0. 25	1	0. 1404

5. 4. 3 权重计算结果

通过计算各层次指标的权重并进行汇总，得到特色小镇公共空间活力评价指标体系各层次的权重值，具体结果见表 5-20。根据以上得到的 29 个影响因素的权重，结合指标体系的构建层次，将影响因素的权重相加，得到相应的 9 个活力因素的权重，然后用同样的方法计算出 4 个评价指标的权重，最后得出特色小镇公共空间活力的评价体系。

表 5-20　特色小镇公共空间活力评价体系

评价目标	评价指标	权重	活力要素	权重	影响因子	权重
特色小镇公共空间活力评价体系	自然环境活力	0. 2609	微气候活力	0. 174	空气质量	0. 0664
					温度	0. 0283
					日照	0. 0601
					风速	0. 0192
			山水绿化活力	0. 087	自然山水	0. 0696
					绿化	0. 0174
	产业空间功能活力	0. 1689	周边环境活力	0. 0275	周边人口密度	0. 0092
					周边用地性质	0. 0183
			空间活力	0. 0184	空间围合	0. 0046
					空间尺度	0. 0138
			产业功能活力	0. 1231	商业内容	0. 0307
					产业特色	0. 0731
					产镇融合度	0. 0193
	设施服务活力	0. 119	设施活力	0. 0198	公共交通	0. 0024
					停车场地	0. 0024
					标识系统	0. 0049
					步行系统	0. 0101
			管理活力	0. 0991	夜景照明	0. 0046
					安全保障	0. 0638
					设施运行保持	0. 011
					环境清洁	0. 0198
	文化与景观活力	0. 4512	文化活力	0. 3609	历史文化的保护与延续	0. 0507
					文化活动可参与性	0. 1129
					文化活动的趣味性	0. 1559
					文化活动影响力	0. 0415
			景观活力	0. 0902	硬质景观	0. 0228
					休憩设施与场所	0. 0163
					儿童设施与场所	0. 0446
					运动设施与场所	0. 0065

利用特色小镇公共空间活力评价体系中各指标的总和以及相应的权重，得出各指标活力的评价模型。公式(5-6)为特色小镇公共空间活力综合评价的一级模型；公式(5-7)为特色小镇公共空间活力综合评价的二级模型；公式(5-8)为特色小镇公共空间活力综合评价的三级模型。

$$V = \sum i =_9 W_i V_i \tag{5-6}$$

式中，W_i ——第 i 个活力要素的权重；

V_i ——第 i 个活力要素的评分。

$$V = \sum i =_5 W_i V_i \tag{5-7}$$

式中，W_i—— 第 i 个评价指标的权重；

V_i—— 第 i 个评价指标的评分。

最终，赋予权重值的特色小镇公共空间活力评价的综合模型见下式：

V =45. 12%文化与景观活力+26. 09%自然环境活力+16. 89%产业空间功能活力+11. 9%设施服务活力 (5-8)

5.4.4 评价体系解析

从特色小镇公共空间活力评价体系中可以看出，4 项评价指标的权重分别为：文化与景观活力(45. 12%)>自然环境活力(26. 09%)>产业空间功能活力(16. 89%)>设施服务活力(11. 9%)，说明文化与景观活力指标在特色小镇公共空间活力评价中产生的影响力最大。究其原因，直接关系到特色小镇的特色。建设特色小镇，必须充分发挥文化的引领作用。因为特色小镇的特色区别，归根结底是一种文化差异的表现[142]，文化是特色小镇的内核，每个特色小镇都要有文化标识，才能够给人留下难忘的文化印象[143]。很多特色小镇公共空间内都会开展与文化相关的活动，很多人进行户外活动的目的之一就是参加或观看活动，且人们更加喜欢到视觉美景高、景观效果好的地方活动。总而言之，文化和景观的活力在一个特色城镇公共空间的生命力中起着最重要的作用，自然环境因素排在了第二位，这是因为人们的出行受自然环境条件影响较大，特别是对空气质量的要求较高，如果遇到雾霾比较严重的天气，人们会减少户外活动。另外，人们对小镇的自然山水也非常看重，拥有良好自然山水景观的小镇会更容易受到人们的青睐。产业空间功能活力权重值处于第三位，原因在于除了文化与景观因素外，特色小镇要吸引人流，就需要将生产与生活紧密结合，产镇融合度高的小镇，人群的混合度和活动多样性就高。公共空间是承载人们活动的区域，人们到公共空间进行活动时，对空间的感觉和尺度都有更高的要求。设施服务活力排在最后一位，这是因为设施及服务是配套产品，而不是吸引人们开展公共空间活动的主体，只有文化与景观活力和产业空间功能活力对人产生影响，人们才会来到小镇公共空间进行活动。

5.5 公共空间活力评价体系的分级量化标准

根据特色小镇公共空间活力评价指标的特点，制定了特色小镇公共空间活力评价指标的分类和量化标准，并采用五级体系进行划分。虽然也有采用七级的评价等级体系，但针对景观环境、公共空间活力等相关的评价多采用五级制评判等级[144]。一些诸如城市公园绿地功能满意度、城市景观文化满意度、城市风貌满意度评价都采用了五级评价体系。在本研究中进行问卷调查时，也使用五级量表来设置问题评分等级。因此，评价指标的标准和评价水平也采用五级制，分别为优(5分)、好(4分)、中(3分)、合格(2分)、不合格(1分)。

5.5.1 五级制评价指标划分

依据特色小镇人们对公共空间使用的具体需求，针对评价指标的五级制划分，详细说明各评价指标及其所包含影响因子的评判标准，以及5个评分等级基准。

5.5.1.1 自然环境活力影响因子评价标准

自然环境活力评价基准见表5-21。

表5-21 自然环境活力评价基准表

编码			因素分项解释	评价等级说明				
大类	中类	小类		5分	4分	3分	2分	1分
V1			自然环境活力					
	V11		微气候					
		V111	空气质量优良度	年AQI优良率达90%以上	年AQI优良率达80%以上	年AQI优良率达70%以上	年AQI优良率达60%以上	年AQI优良率60%以下
		V112	温度适宜度	年平均气温在22~25℃	年平均气温在16~22℃	年平均气温在12~15℃或26~28℃	年平均气温在8~11℃或29~32℃	年平均气温低于8℃或高于32℃
		V113	日照适宜度	全年雨天在100天以下	全年雨天在120天以下	全年雨天在150天以下	全年雨天在180天以下	全年雨天超过180天
		V114	风速适宜度	全年3~4级及以下风速在180天以上	全年3~4级及以下风速在140~180天之间	全年3~4级及以下风速在120~140天之间	全年3~4级及以下风速在100~120天之间	全年3~4级及以下风速在100天以下
	V12		山水绿化					
		V121	自然山水优良度	靠山且临近较大面积的水域	仅靠山或临近较大面积的水域	较大视域范围看得到山水但不临近	较小视域看到山水	看不到山水或看到的山水景观质量很差
		V122	绿化优美度	绿化覆盖率达40%以上，绿化种植搭配优美	绿化覆盖率达30%以上、绿化种植搭配优美	绿化覆盖率达25%以上、绿化种植搭配较美观	绿化覆盖率达20%以上、绿化种植搭配较美观	绿化覆盖率低于20%、绿化种植搭配不太协调

(1)空气质量优良度

在特色小镇中，因为结合生产功能，人们就更在意其空气质量。户外空气质量越优质，空间就越吸引人，评分越高。

(2) 温度适宜度

在很炎热或很寒冷的季节里，人们会减少户外的活动，因此，夏季的中午后公共空间的使用者相对较少，冬季特别寒冷的时候，人们也会减少户外活动。因此，温度越适宜，空间得分越高。

(3) 日照适宜度

夏季的阴天，春秋及冬季的有阳光的日子总会吸引很多人来到公共空间进行活动，在不同季节，日照度会影响公共空间的使用。一般来说，阳光越充足，空间就越舒适。

(4) 风速适宜度

大风天，人们会减少户外活动，特别是在冬季，当风刺骨时，公共空间的吸引力很低。夏季台风来临时，人们也会选择待在室内保证安全。所以，全年风速在 3~4 级以下的天数越多，评分越高。

(5) 自然山水优良度

人们会非常在意特色小镇公共空间的自然山水质量，山水风景越优美的公共空间，得分越高，特别是人们可亲水、可登山的公共空间，评分更高。

(6) 绿化优美度

一个绿化优美的公共空间，会带给人美的感受与身心的愉悦感。因此，绿化覆盖率高、绿化种植和搭配优美的公共空间评分会更高。

5.5.1.2 产业空间功能活力影响因子评价标准

产业空间功能活力评价基准见表 5-22。

表 5-22 产业空间功能活力评价基准表

编码			因素分项解释	评价等级说明				
大类	中类	小类		5 分	4 分	3 分	2 分	1 分
V2			产业空间功能活力					
	V21		周边环境					
		V211	周边人口密度	周边用地住宅和商业大于50%以上	周边用地住宅和商业大于40%以上	周边用地住宅和商业大于30%以上	周边用地住宅和商业大于20%以上	周边用地住宅和商业大于10%以上
		V212	周边用地性质	周边用地 5 个种类及以上	周边用地 4 个种类及以上	周边用地 3 个种类及以上	周边用地 2 个种类及以上	周边用地 1 个种类及以上
	V22		空间					
		V221	空间围合	舒适、具有安全感且有良好互动的界面空间	舒适、具有安全感且有一定互动的界面空间	舒适且具有安全感的空间	较舒适、具有安全感的空间	不太舒适、没有安全感
		V222	空间尺度	能满足活动的进行	较能满足活动的进行	基本能满足活动的进行	开展活动的空间较拥挤或较空旷	开展活动的空间很拥挤或很空旷

（续）

编码			因素分项解释	评价等级说明				
大类	中类	小类		5分	4分	3分	2分	1分
V2	V23		产业功能					
		V231	商业内容	具有5种及以上的商业业态	具有3种及以上的商业业态	具有2种及以上的商业业态	具有1种及以上的商业业态	没有商业业态
		V232	产业特色	周边500m产业特色极其鲜明、有吸引力	周边500m产业特色较鲜明、较有吸引力	周边500m产业具有较强的吸引力	周边500m产业有一定吸引力	周边500m没有产业
		V233	产镇融合度	生产生活紧密结合	生产生活较好结合	生产生活有一定结合	生产生活没有结合	生产生活完全分开

(1)周边人口密度

周边人口密度是衡量特色小镇公共空间周边环境中人口密度的多少而制定的评分依据。从相关的文献中了解到，居住用地和商业用地上的人口密度会更多，因此，考量特色小镇公共空间周边环境中的人口密度就可以从这两个指标来入手，主要通过小镇公共空间周边的用地性质来看，这两类用地的比例越高，周边人口密度则越大。

(2)周边用地性质多样性

城市用地一般包括居住用地、公共设施用地、商业用地、工业用地、仓储用地、一般外交用地、道路广场用地、市政公共设施用地、园林用地、特殊用地、水和其他土地等等。而周边土地性质多样性是针对公共空间周边土地性质种类多少而制定的评分依据。公共空间周边土地性质多样性越高，越吸引人，对其评分也越高。

(3)空间围合适宜性

空间围合适宜性的评分需要考虑3个方面，一是空间通过围合带给人的安全感受越高，得分越高；二是越能营造舒适的微气候，如挡风遮阴等，得分越高；三是要有一个好的交互界面空间。

(4)空间尺度适宜性

空间尺度适宜性是针对公共空间中各种不同亚空间是否能够满足相应活动的进行而制定的评分依据。空间尺度越能满足活动的进行，越有吸引力，评分越高；开展活动的空间越拥挤或越空旷评分则越低。

(5)商业内容充足性

特色小镇公共空间中提供商业内容越充足、越多样，商业空间越舒适，空间评分越高。

(6)产业特色吸引力

小镇的产业越对居民或游客有吸引力，且产业具有一定的创新性和特色性，其评分越高。

(7)产镇融合度

小镇具有一定的集中度和和谐度，生产、生活、生态等功能的发展越协调，功能结构越合理，得分越高。

5.5.1.3 设施服务活力影响因子评价标准

设施服务活力评价基准见表5-23。

表5-23 设施服务活力评价基准表

编码			因素分项解释	评价等级说明				
大类	中类	小类		5分	4分	3分	2分	1分
V3			设施服务活力					
	V31		设施					
		V311	公共交通	有5路及以上的公交车可达，或有地铁加公交	有4路及以上的公交车可达，或有地铁加公交	有3路及以上的公交车可达	有2路及以上的公交车可达	仅有1路或没有公交可达
		V312	停车场地	完全满足停车需求	满足停车需求	基本满足停车需求	不满足停车需求	没有停车场地
		V313	标识系统	美观耐用且指示清晰	美观耐用且指示较清晰	指示性一般	指示性不完全清晰	指示性不清晰或无标识系统
		V314	步行系统	步行环境优美、步行系统完善、步行道路便捷	步行环境较优美、步行系统较完善、步行道路较便捷	步行环境基本优美、步行系统基本完善、步行道路基本便捷	步行环境不优美、步行系统不完善、步行道路不便捷	步行道路很崎岖、步行环境很杂乱、步行系统不完善
	V32		管理					
		V321	夜景照明	灯光形式丰富美观，夜间照明度完全满足要求	灯光形式美观，夜间照明度较满足要求	灯光形式较美观，夜间照明度基本满足要求	灯光形式较美观，夜间照明度不完全满足要求	灯光形式不美观，夜间照明度不满足要求
		V322	安全保障	具有完善的安全保障设施	具有较完善的安全保障设施	具有基本的安全保障设施	具有一定的安全保障设施	不具备安全保障设施
		V323	设施运行保持	完全没有设施故障	90%的设施维护良好	80%的设施维护良好	70%的设施维护良好	低于70%的设施维护良好
		V324	环境清洁	清洁及时、环保设施多	清洁较及时、环保设施较多	清洁基本及时、环保设施勉强够	清洁不太及时、环保设施不太够	清洁不及时、环保设施不够

(1)公共交通便捷性

公共交通便捷性是指乘坐交通工具到达公共空间过程中，公交车路线是否便于人们乘坐，道路是否易于车辆到达，其中易于到达的公交车线路越多评分越高。

(2)停车场地充足性

停车场地充足性是针对开私家车到达公共空间的人们而言的，停车场地越充足、停车场距离公共空间越便利，得分越高。

(3)标识系统清晰性

标识系统清晰性指特色小镇公共空间中标识系统是否能正确指示使用者在此进行活动，如果标识准确无误，指示清晰，形式美观，那得分最高；如果没有标识系统，则得分最低。

(4)步行系统便捷性

步行系统便捷性是针对人们步行到达公共空间是否便利、沿途景色是否优美、步行系统是否完善而制定的评分依据。在特色小镇中，步行环境越优美、步行系统越完善、步行道路越便捷，分数越高。

(5)夜景照明充足性

夜景照明充足性是衡量公共空间安全性的一项重要考核标准，一般来说，拥有越良好的照明度且灯光的设计越舒适美观则此项得分越高。

(6)安全保障性

安全保障性是针对公共空间一系列保障设施而制定的评分标准，保障设施越完善评分越高。

(7)设施运行良好性

设施运行良好性是针对小镇公共空间设施维护水平制定的评分标准，设施无故障且设施使用越方便评分越高。

(8)环境清洁性

空间环境清洁度是衡量公共空间环境是否清洁、清洁设施是否满足清洁需要的评分依据。清洁越及时、环保设施越多，就越能给人带来清洁的空间环境，评分越高。

5.5.1.4 文化与景观活力影响因子评价标准

文化与景观活力评价基准见表5-24。

表5-24 文化与景观活力评价基准表

编码			因素分项解释	评价等级说明				
大类	中类	小类		5分	4分	3分	2分	1分
V4			文化与景观活力					
	V41		文化					
		V411	历史文化的保护与延续	历史文化氛围感极强	历史文化氛围感较强	历史文化氛围感一般	历史文化氛围感很弱	无历史文化氛围感
		V412	文化活动的可参与性	文化活动丰富，且公众可以参与	文化活动较丰富，且公众可以参与	文化活动基本丰富，且公众可以参与	公众不太容易参与文化活动	没有文化活动
		V413	文化活动的趣味性	文化活动非常有吸引力	文化活动有较强吸引力	文化活动有一定吸引力	文化活动缺乏吸引力	没有文化活动
		V414	文化活动影响力	文化活动具有国际影响力	文化活动在国内具有影响力	文化活动在省内具有影响力	文化活动在区域内具有影响力	没有文化活动

（续）

编码			因素分项解释	评价等级说明				
大类	中类	小类		5分	4分	3分	2分	1分
V4	V42		景观					
		V421	硬质景观优美度	硬质景观视觉效果非常好	硬质景观视觉效果较好	硬质景观视觉效果一般	硬质景观视觉效果不太好	硬质景观视觉效果非常糟糕
		V422	休憩设施与场所	休憩设施与场所完全满足需求	休憩设施与场所能满足需求	休憩设施与场所基本满足需求	休憩设施与场所不太能满足需求	没有休憩设施与场所
		V423	儿童设施与场所	儿童设施与场所完全满足需求	儿童设施与场所能满足需求	儿童设施与场所基本满足需求	儿童设施与场所不太能满足需求	没有儿童设施与场所
		V424	运动设施与场所	运动设施与场所完全满足需求	运动设施与场所能满足需求	运动设施与场所基本满足需求	运动设施与场所不太能满足需求	没有运动设施与场所

(1) 历史文化的保护与延续性

历史文化的保护与延续性是考量特色小镇的公共空间中是否针对小镇的历史文化采取了保护措施，是否在景观或建筑设计中运用了历史文化元素。该类元素越多，评分越高。

(2) 文化活动的可参与性

文化活动可参与性是针对公共空间内各类活动是否可以让空间使用者参与其中而制定的评分依据。居民或游客参与的活动越多，空间吸引力越高，得分越高。

(3) 文化活动的趣味性

文化活动趣味性是针对公共空间内各类活动是否有趣以吸引空间使用者而制定的评分依据。使用者越被吸引，评分越高。

(4) 文化活动影响力

文化活动影响力是针对公共空间内各类活动是否具有一定的社会影响力而制定的评分依据。小镇开展的文化活动影响力越大，访问者越多，评分越高。

(5) 硬质景观优美度

硬质景观优美度是针对公共空间内硬质景观的视觉效果及功能是否能被满足而制定的评分依据，硬质景观设计新颖，视觉效果越佳，评分越高。

(6) 休憩设施与场所充足性

休憩设施充足性是针对人们在公共空间内活动时对休憩设施的需求是否能被满足而制定的评分依据。休憩空间越多、卫生服务设施越多越能吸引人，评分越高。

(7) 儿童设施与场所充足性

儿童设施与场所是否足够是针对公共空间内儿童设施与场所是否能够满足儿童的需求而制定的评分依据。儿童游乐设施数量越多、游乐形式越丰富、空间越大，越能吸引儿童，评分越高。

(8)运动设施与场所充足性

运动设施与场所充足性是针对公共空间内运动设施与场所是否满足人们体育运动需求而制定的评分依据。运动设施数量越多、形式越丰富、场所空间越大，越能吸引人们前往并使用，此项评分越高。

5.5.2 活力度评价等级制定

根据上述评价等级的界定依据和评价等级的基准说明，可以获得特色小镇公共空间活力的综合评价等级以及相应得分，并能够对各评价等级的得分进行解释与说明。

5.6 本章小结

本章根据特色小镇公共空间活力影响机制，结合相关文献确定了特色小镇公共空间评价指标体系，并确定了指标权重，建立了特色小镇公共空间活力评价体系，针对评价体系中各指标因子和评价结果给出了分级描述说明。所做研究得出以下结果：

(1)根据特色小镇公共空间活力影响机制，结合相关文献确定了特色小镇公共空间活力评价指标体系。对应影响因素确定了4大评价指标、9项活力要素、29项影响因子；将评价指标、活力要素和影响因子按层次关系相互结合，最终建立了特色小镇公共空间活力评价指标体系。

(2)利用层次分析法获得指标权重，建立了特色小镇公共空间活力评价体系。通过层次分析模型获得每个影响因子的权重值，进而得到了特色小镇公共空间活力评价体系。该体系显示，文化与景观活力(45.12%)>自然环境活力(26.09%)>产业空间功能活力(16.89%)>设施服务活力(11.9%)。说明文化与景观活力指标在特色小镇公共空间活力评价中产生的影响力最大，需要在小镇公共空间活力营造中，充分重视文化与景观的打造。

(3)综合相关设计规范和标准及小镇公共空间调研实际情况，界定了特色小镇公共空间活力五级制评价等级。根据提出的评价等级界定依据和评价基准表，可对评价体系中各因素项进行打分，累加计算后就可得到最终的活力度值。该值可定量描述公共空间活力表现的程度。本研究为特色小镇公共空间活力评价实证应用打下了基础。

6 特色小镇公共空间活力评价实证研究

本章将基于第5章构建的特色小镇公共空间评价指标体系及评价模型，对杭州梦栖小镇的公共空间活力进行评价。采用问卷调查、现场调查、查阅小镇相关规划文本和其他资料的基础上，对每一类指标进行具体测度及赋分，通过对数据的标准化处理，利用建立的评价体系，计算出梦栖小镇各项指标的得分以及小镇公共空间活力评价的最终得分，并根据小镇现场观察活力外在表征对评价体系进行检验，最后对小镇公共空间的优势与不足进行综合分析。本章的具体研究思路如图6-1所示。

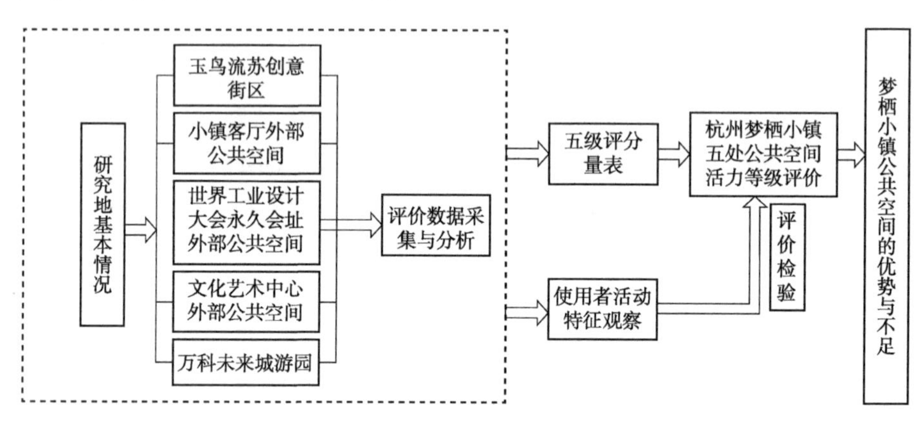

图6-1 特色小镇公共空间活力评价实证研究框架

6.1 研究地基本情况

6.1.1 实证研究地的选取

本研究的实证研究地选取为杭州梦栖小镇，选取的原因主要有以下两方面：①命名小镇的公共空间活力度比较高，因此不再对它们进行评价，故选择的目标定格在培育小镇和创建小镇上。杭州梦栖小镇2016年被列入浙江省第二批省级特色小镇，但至今仍未获命名。为了寻找这类小镇存在的问题，把实践研究的目光投向了它。②2019年，良渚古城遗址申遗成功，良渚板块的热度获得了进一步提升。梦栖小镇位于良渚的核心地带，遇到了前所未有的机遇，但也面临着很大的挑战。因此，本次研究确定以梦栖小镇作为实例，评价小镇公共空间活力情况，分析出小镇公共空间存在的问题，这不仅可以为梦栖小镇公共空间的发展提供参考，也可为其他特色小镇的评价管理提供借鉴。

6.1.2 研究地总体概况

梦栖小镇坐落于世界设计的发源地——良渚，位于杭州市中心武林商圈西侧，东临未来科技城，西与临安区接壤。小镇与杭州主城核心区直线距离20km，在杭州大都市区半小时交通圈、经济圈和旅游圈范围内[145]。项目规划面积约 2.96km^2，其中绿地、水面 81.4hm^2，建设用地 75.33hm^2，小镇名取自良渚的古代著名设计大家沈括的《梦溪笔谈》，意为“设计梦想栖息之地”，是以工业设计为主导引导产业策略的创意区域(图 6-2)。

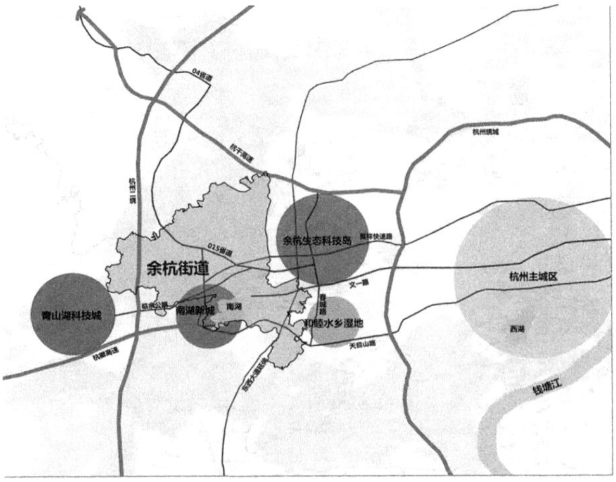

图 6-2 梦栖小镇区位图

梦栖小镇内已建设世界工业设计大会永久会址、梦栖小镇客厅、梦栖小镇创新中心、玉鸟流苏创意街区、邱家坞院士双创园、文化艺术中心等。

6.1.3 自然环境情况

小镇自然山水景观优良，红线范围内有 3 处制高点，分别位于牛头山、猪头山、无名山山顶，其中猪头山海拔 65.8m，牛头山海拔 75.2m，无名山海拔 44.2m。毛家漾水系环绕牛头山与猪头山，周边田园村舍错落，河网密布。毛家漾港是一条运河水系，南部从邑浪桥闸站起，北面一直到邱家坞，河道全长 5.3km(图 6-3)，河道宽度 40~60m，河道高程 0.0~0.3m。河流流经良渚镇崇福村、七贤桥村、大陆村。

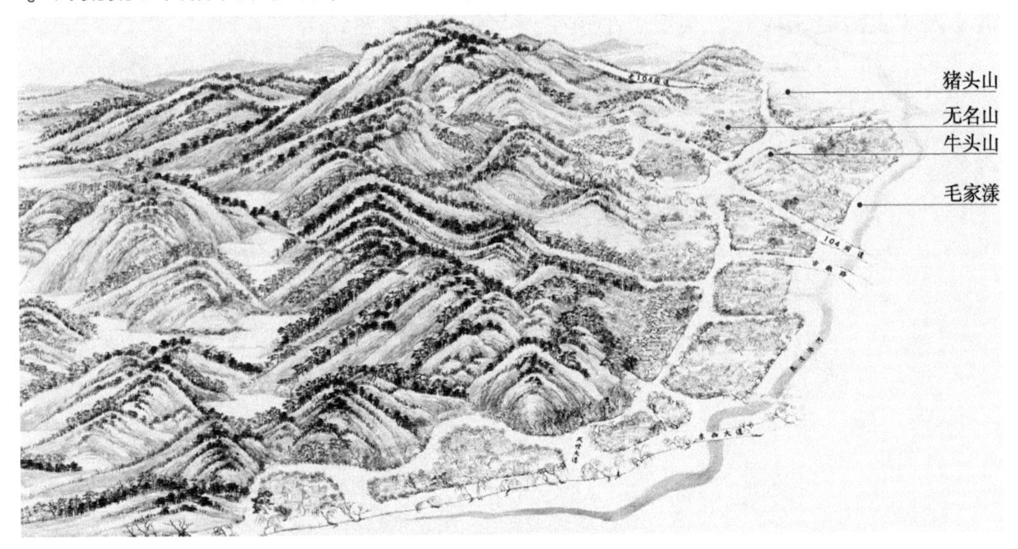

图 6-3 梦栖小镇自然山水结构

6.1.4 交通情况

小镇外部交通非常通达，杭州绕城高速、G104、东西大道将良渚与杭州主城区紧密相连(图6-4)。从杭州市中心武林广场出发有多路公交可直达，公交系统较为方便。

图6-4 梦栖小镇交通网络

6.1.5 产业空间功能

小镇的工业发展目标是建立一个设计王国，以工业设计为主导，带动智能设计、商业设计和其他类型的设计行业。依托杭州雄厚的工业制造产业基础，梦栖小镇以“科技+文化+金融+人才”为重点，将产业定位为“设计+”，以推进设计服务与实体经济融合发展为目标，加快推进创新设计产业集聚、创新和升级。

从空间布局来看(图6-5)，梦栖小镇沿玉鸟路形成了设计产业集聚区，包括各类创客创业区、创新综合体、创新研究院等，在此基础上，形成“设计+”产业链。环邱家坞设置设计博物馆、人才生活居住区等，实现了小镇生产与生活的紧密结合。

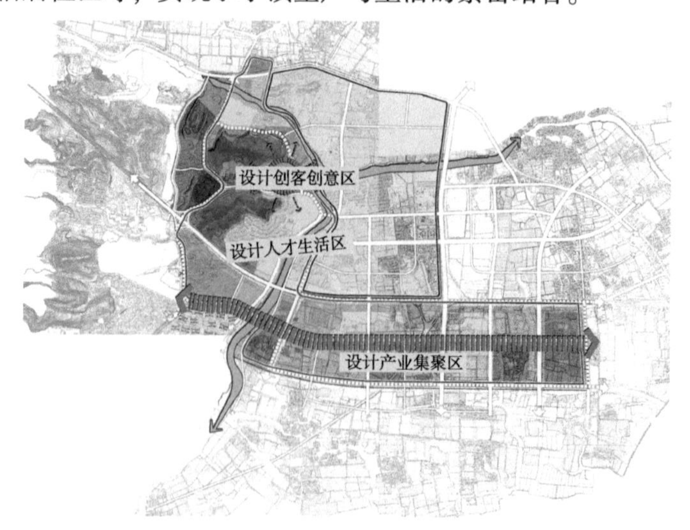

图6-5 梦栖小镇分区及空间结构分析

6.1.6 特色文化

小镇所在地良渚，是有5000年悠久历史的“良渚文化”的发祥地，区域内具有得天独厚的生态环境资源和历史文化底蕴。此外，区域境内还有杜甫、荀子、沈括等文化遗产，为打造设计小镇提供了文化根基。除此之外，梦栖小镇内还有七贤桥、白龙潭、回音壁等多处人文景观。

6.1.7 公共空间

通过对小镇总体规划的阅读和现场调查，去掉还未完全建设完成的空间，共确定参与评价的小镇公共空间为玉鸟流苏创意街区（M-1）、小镇客厅外部公共空间（M-2）、世界工业设计大会永久会址外部公共空间（M-3）、文化艺术中心外部公共空间（M-4）、万科未来城游园（M-5）共5处公共空间（表6-1），小镇各公共空间的航拍图如图6-6。

表6-1 梦栖小镇公共空间一览表

名称	位置	规模/m^2	类型
M-1	设计路东侧，美丽洲堂南侧，万科创业产业园北侧	26240	街巷
M-2	莫干山路以南，美丽洲路以东，毛家漾以北	6600	广场
M-3	莫干山路北侧，原浙江建机厂	15750	中介空间
M-4	玉鸟路北侧，G104南侧	5300	中介空间
M-5	疏港公路西侧，玉鸟路北侧	1596	公园

玉鸟流苏创意街区（M-1）

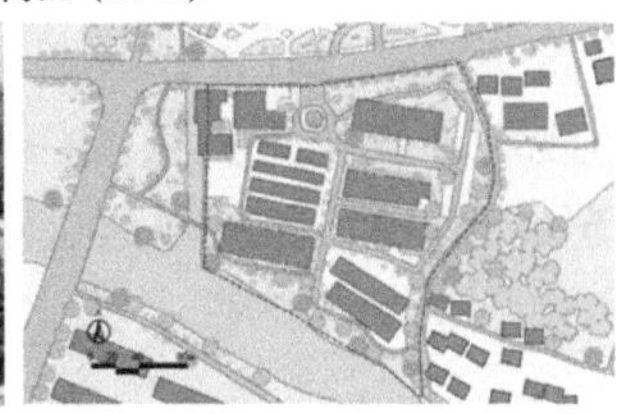

小镇客厅外部公共空间（M-2）

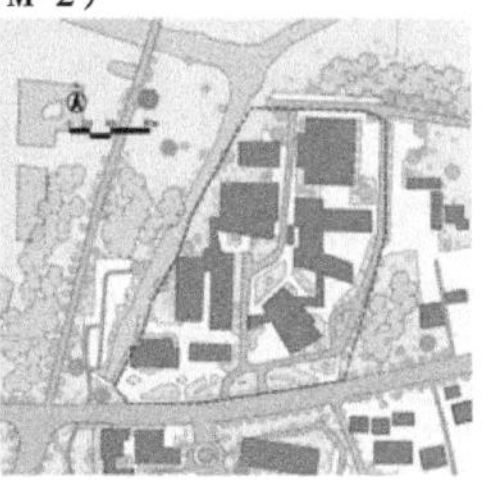

世界工业设计大会永久会址外部公共空间（M-3）

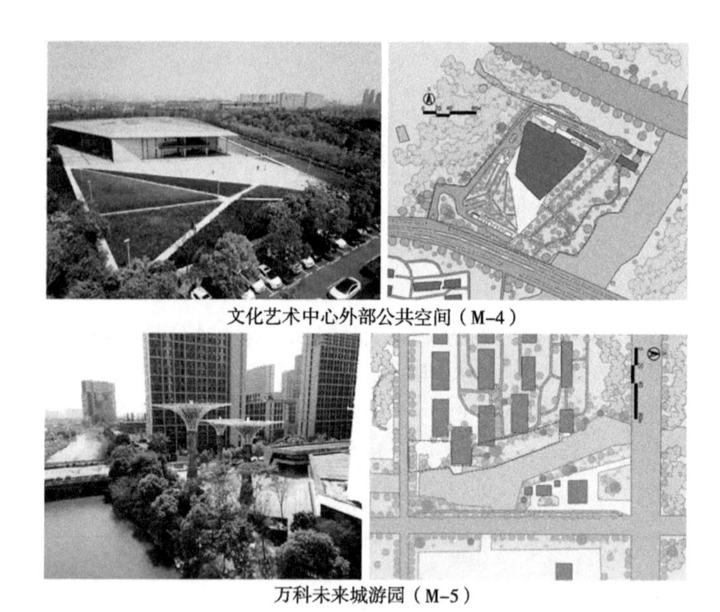
文化艺术中心外部公共空间（M-4）
万科未来城游园（M-5）

图 6-6 梦栖小镇公共空间平面及航拍图

6.2 评价数据获取方法

6.2.1 评价数据采集

将 29 项指标采集分为 3 类，第一类是能够查阅相关资料或法定规划图纸的指标，按照资料和法定图纸对评价体系中的指标进行测度和赋分；第二类是对于需要小镇提供资料的指标，采用小镇调研的方式获得；第三类是需要使用者主观评价的指标，采用调查问卷的方式对使用者进行调查获得。其中空气质量、温度、日照、风速通过查阅杭州市气象资料获取；周边人口密度、周边用地性质通过分析良渚区块土地利用规划图纸获取；自然山水、绿化、产业特色、产镇融合度、商业内容、公共交通、停车场地、标识系统、安全保障、设施运行保持、环境清洁通过现场调查分析获取；空间围合、空间尺度、步行系统、夜景照明、硬质景观、休憩设施与场所、儿童设施与场所、运动设施与场所、历史文化的保护与延续、文化活动的可参与性、文化活动的趣味性、文化活动的影响力通过对使用者进行问卷调查方式获取。

6.2.2 评价指标赋分

6.2.2.1 微气候活力赋分

杭州地属亚热带季风气候区，年温适中，冬寒夏热，春温秋爽，四季分明，光照充足，雨量充沛，空气湿润。年平均气温 15.9～17.0℃，呈南高北低分布，极端最高气温 39.8～42.9℃，极端最低气温-15.0～-7.1℃，年平均相对湿度 76%～81%，无霜期 199～328 天。

2019年杭州市区年平均气温17.54℃，年降水天数127天，年日照时数1471.2小时，风速1~2级居多(约98天)，其次是3~4级(约48天)。按照环境空气质量标准(GB 3095-2012)评价，杭州市区环境空气PM2.5的月均浓度为38μg/m³，AQI优良率78.6%。因此，5个公共空间的温度评分为4分，由于降雨天数较大，日照评分为3分，风速评价均为4分，空气质量评分为3分。

6.2.2.2 山水绿化活力赋分

总体来说，5个公共空间的山水绿化质量都比较优良。具体分析，M-1空间西北有无名山，自然山水评价为4分，绿化质量优良，评分为4分；M-2东面可见猪头山，南面紧邻毛家漾，山水风光俱佳，自然山水评价为5分，绿化质量评分为4分；M-3空间东面可见猪头山，自然山水评价为4分，绿化质量优良，评分为5分；M-4空间西北有无名山，东面紧邻毛家漾，山水俱佳，自然山水评价为5分，绿化质量评分为5分；M-5空间紧邻毛家漾，自然山水评价为4分，绿化质量评分为4分。

6.2.2.3 周边环境活力赋分

从土地利用规划图来看(图6-7)，M-1东北面和南面均为住宅用地，北面有公园用地，东面为文化设施用地，周边用地性质多样化，因此，周边用地性质评分为3分，人群密度评分为4分；M-2南面和东面为住宅用地，西面为公园绿地，周边用地性质为3分，人群密

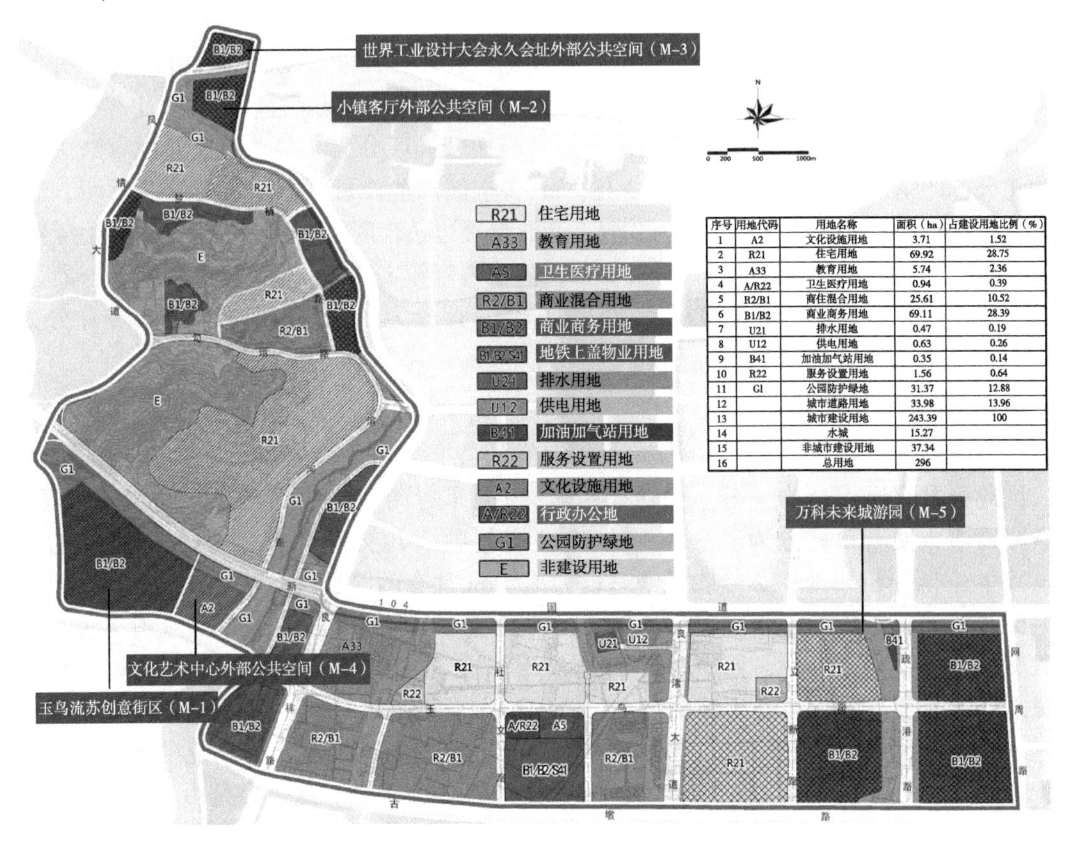

序号	用地代码	用地名称	面积（ha）	占建设用地比例（%）
1	A2	文化设施用地	3.71	1.52
2	R21	住宅用地	69.92	28.75
3	A33	教育用地	5.74	2.36
4	A/R22	卫生医疗用地	0.94	0.39
5	R2/B1	商住混合用地	25.61	10.52
6	B1/B2	商业商务用地	69.11	28.39
7	U21	排水用地	0.47	0.19
8	U12	供电用地	0.63	0.26
9	B41	加油加气站用地	0.35	0.14
10	R22	服务设置用地	1.56	0.64
11	G1	公园防护绿地	31.37	12.88
12		城市道路用地	33.98	13.96
13		城市建设用地	243.39	100
14		水城	15.27	
15		非城市建设用地	37.34	
16		总用地	296	

图6-7 梦栖小镇土地利用规划图

度评分为 4 分；M-3 东南角有住宅用地，南面有商业商务用地，东、西、北面均为农业用地，周边用地性质为和人群密度评分为 3 分；M-4 南北两面均为住宅用地，西面为商业用地，东面为公园绿地，因此，用地性质和人群密度评分为 5 分；M-5 四周均为住宅或商业用地，用地性质为 3 分，人群密度评分为 5 分。

6.2.2.4 空间活力赋分

空间围合、空间尺度、步行系统、夜景照明、硬质景观、休憩设施与场所、儿童设施与场所、运动设施与场所、历史文化的保护与延续、文化活动的可参与性、文化活动的趣味性、文化活动的影响力共 12 项影响因子的评分采取问卷调查获得(附录 D)。调研分别在 1 个工作日、1 个周末和 1 个节假日进行，共发出调查问卷 300 份，其中有效问卷 287 份，受访人群年龄均在 18 岁及以上。结果显示 5 个公共空间中，M-1 空间的空间围合和空间尺度均为 5 分；M-2 的空间围合为 3 分，空间尺度为 4 分；M-3 空间围合为 3 分，空间尺度为 5 分；M-4 空间围合为 4 分，空间尺度为 5 分；M-5 空间围合为 4 分，空间尺度为 4 分。产生这样的结果主要原因是 M-1 空间在建筑与空间布局上致力于以人性尺度融自然山水与市井于一体，创造具有浓烈的文化休闲气氛，同时又充满商业活力的空间，其尺度合宜的道路与小广场同建筑精致的细部处理相得益彰。建筑形式采用杭州地区传统的院落、街巷空间形态，围合成一个个别具特色的公共空间。因此，使用者对它的空间围合和尺度的评分非常高。

6.2.2.5 产业功能活力赋分

根据梦栖小镇的总体规划，M-1 空间产业特色鲜明，产业发展活跃，评分为 5 分；商业业态丰富，商业人气高，评分为 5 分；周边生活区与产业发展融合度高，因此产镇融合度评分为 5 分。M-2 空间产业特色鲜明，产业发展活跃，评分为 5 分；但商业内容缺乏，评分为 1 分；产镇融合度一般，评分为 3 分。M-3 空间产业发展活跃，产业特色鲜明，评分为 5 分；商业内容比较单调，评分为 2 分；产业与周边融合度较低，评分为 2 分。M-4 空间产业特色鲜明，产业发展活跃，评分为 5 分；商业内容较丰富，评分为 4 分；产业与周边融合度一般，评分为 3 分。M-5 空间产业特色一般，评分为 3 分；商业内容丰富，评分为 5 分；产业与周边融合度很高，评分为 5 分。

6.2.2.6 设施活力赋分

根据现场调查和问卷调查，到达 M-1 空间的公交车目前有 4 路，周边还有公共自行车，因此公共交通评分为 4 分。到达 M-2 的公交车有两路，但均需步行 1.3km，因此，公共交通不太便利，评分为 2 分。到达 M-3 空间的公共交通与 M-2 类似，评分也为 2 分。M-4 空间离杭州地铁 2 号线良渚站仅为 1.7km 且有两路公交可从地铁站直达，因此，公共交通评分为 4 分。M-5 离杭州地铁 2 号线杜甫村站仅为 1km，且周边还有多路公交，公共交通最为便利，因此，评分为 5 分。5 处公共空间均设置了大量地面停车位，能满足大量人群的需要，因此，停车场地这一项评分均为 5 分。几个公共空间的标识系统均指示清晰，形式优美大方(图 6-8)，评分也都为 5 分。根据调查发现步行系统的评分 M-1 为 5 分，M-2 为 3 分，M-3 为 4 分，M-4 为 3 分，M-5 为 3 分。这主要是由于 M-1 空间为街巷空间，是线形的步行系统，且沿路有较丰富的商业业态，沿路景观也有丰富的变化，因此得分较高。

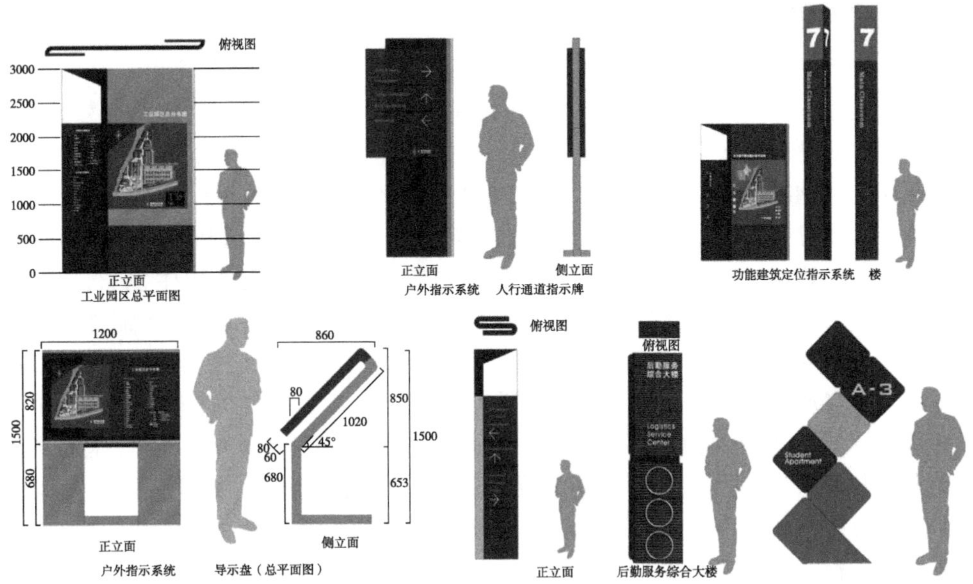

图 6-8 梦栖小镇标识牌

6.2.2.7 管理活力赋分

通过问卷调查，M-1 夜景照明非常舒适，也具有很好的亮度，评分为 5 分，M-2 空间为 3 分，M-3 空间为 5 分，M-4 空间为 5 分，M-5 空间为 4 分。通过现场调查，每个公共空间都具有一定的安全保障措施，包括路面防滑、消防措施等，因此，评分均为 5 分。在调查中，未发现任何一个公共空间内存在设施毁坏的情况，因此评分也都为 5 分。5 个空间中，仅有 M-2、M-5 空间的环境清洁为较好，评分为 4 分，其余 3 个空间均为 5 分。

6.2.2.8 文化活力赋分

通过对使用者的问卷调查，M-1 空间由于在许多细节的设计中都融入了良渚的玉文化，文化氛围感受很强，历史文化的保护与延续评分为 5 分，文化活动可参与性为 5 分，文化活动的趣味性为 4 分，文化活动影响力为 5 分。M-2 空间由于未对历史文化有太多的物化表现，因此历史文化保护与延续得分相对较低，评分仅为 2 分，文化活动开展不多，相应地文化活动可参与性、文化活动的趣味性及文化活动影响力都为 3 分。M-3 空间原为废弃已久的建机厂，设计师通过保留场地原有文化记忆，围绕龙门吊开展现代活动，兼顾文化保护和庭院享受，因此，历史文化保护与延续评分为 5 分，这里也是世界工业大会的永久会址，文化活动极具影响力，文化活动的可参与性也较强，因此其文化活动可参与性为 4 分，文化活动的趣味性为 3 分，文化活动影响力为 5 分。M-4 空间建筑为著名建筑设计大师安藤忠雄的作品，建筑极具张力，大屋顶和整个庭院的几何切割将艺术中心和良渚的自然风光紧紧相连，俨然已成为网红打卡地，因此，它的各项评分均很高。其中，历史文化的保护与延续评分为 4 分，文化活动可参与性为 5 分，文化活动的趣味性为 5 分，文化活动影响力为 4 分。M-5 空间由于未融入太多的文化元素，也由于面积规模的约束，未在其中开展文化活动，因此得分均较低，其中历史文化的保护与延续评分为 2 分，文化活动可参与性为 2 分，文化活动的趣味性为 2 分，文化活动影响力为 1 分。

6.2.2.9 景观活力赋分

M-1 空间的环境景观设计利用道路的自然弯曲，将人流从道路自然引入基地，加上通透的连廊，若隐若现地带出建筑物围合成的内庭院景观，形成强烈的视觉诱导效果。因此，使用者对它的景观评分为 5 分，休憩设施与场所也为 5 分，但空间内没有儿童和运动设施与场所，因此，这两项得分偏低，均为 1 分。M-2 空间的环境景观与自然水体紧密结合，使用者对它的景观评分也较高，为 4 分，休憩设施与场所为 3 分，儿童和运动设施与场所均为 1 分。M-3 空间随处可见橙色与纯白形成的视觉冲击，呼应龙门吊的原生色彩，30cm 镜面薄水与飞机模型交映，化解建筑体量感，开放的木质平台，在亲水的环境下配合局部开敞的草地和乔灌木，形成错落有致的户外交流空间，因此，使用者对它的景观评分为最高分 5 分，休憩设施与场所为 5 分，儿童设施与场所为 1 分，运动设施与场所为 1 分。M-4 空间极具个性的景观设计让使用者为它评了 5 分，休憩设施与场所为 5 分，儿童设施与场所为 2 分，运动设施与场所为 1 分。M-5 空间的硬质景观问卷调研评分为 3 分，休憩设施与场所为 3 分，儿童设施与场所为 1 分，运动设施与场所为 1 分。

整体评价指标赋分情况见表 6-2。

表 6-2 梦栖小镇公共空间活力评分

评价指标	活力要素	影响因子	M-1	M-2	M-3	M-4	M-5
自然环境活力	微气候活力	空气质量	3	3	3	3	3
		温度	4	4	4	4	4
		日照	3	3	3	3	3
		风速	4	4	4	4	4
	山水绿化活力	自然山水	4	5	4	5	4
		绿化	4	4	5	5	4
产业空间功能活力	周边环境活力	周边人口密度	4	4	3	5	5
		周边用地性质	3	2	3	3	2
	空间活力	空间围合	5	3	3	4	4
		空间尺度	5	4	5	5	4
	产业功能活力	商业内容	5	1	2	4	5
		产业特色	5	5	5	5	3
		产镇融合度	5	3	2	3	5
设施服务活力	设施活力	公共交通	4	2	2	4	5
		停车场地	5	5	5	5	5
		标识系统	5	5	5	5	5
		步行系统	5	3	4	3	3
	管理活力	夜景照明	5	3	5	5	4
		安全保障	5	5	5	5	5
		设施运行保持	5	5	5	5	5
		环境清洁	5	4	5	5	4

（续）

评价指标	活力要素	影响因子	M-1	M-2	M-3	M-4	M-5
文化与景观活力	文化活力	历史文化的保护与延续	5	2	5	4	2
		文化活动可参与性	5	3	4	5	2
		文化活动的趣味性	4	3	3	5	2
		文化活动影响力	5	3	5	4	1
	景观活力	硬质景观	5	4	5	5	3
		休憩设施与场所	5	3	5	5	3
		儿童设施与场所	1	1	1	2	1
		运动设施与场所	1	1	1	1	1

6.3 评价结果与分析

6.3.1 评价结果

利用特色小镇公共空间评价指标体系，代入权重计算，分别得出每项评价指标的得分，最后将4项评价指标得分相加，获得梦栖小镇5处公共空间的活力评价分值，根据前文给出的等级制定，获得5处公共空间的活力评价等级。

由图6-9可以得出M-1空间的自然环境活力评价得分为0.9175，产业空间功能活力评价得分为0.7992，设施服务活力评价得分为0.5926，文化与景观活力评价得分为1.8957，因此M-1空间活力评价总分为4.205，评价等级为优秀。

M-2空间的自然环境活力评价得分为0.9871，产业空间功能活力评价得分为0.5965，设施服务活力评价得分为0.5386，文化与景观活力评价得分为1.2235，因此M-2空间活力评价总分为3.3457，评价等级为良好。

M-3空间的自然环境活力评价得分为0.9349，产业空间功能活力评价得分为0.6308，设施服务活力评价得分为0.5777，文化与景观活力评价得分为1.6269，因此M-3空间活力评价总分为3.7703，评价等级为良好。

M-4空间的自然环境活力评价得分为1.0045，产业空间功能活力评价得分为0.7345，设施服务活力评价得分为0.5734，文化与景观活力评价得分为1.9659，因此M-4空间活力评价总分为4.2773，评价等级为优秀。

M-5空间的自然环境活力评价得分为0.9175，产业空间功能活力评价得分为0.6255，设施服务活力评价得分为0.5504，文化与景观活力评价得分为0.8489，因此M-5空间活力评价总分为2.9423，评价等级为中等。

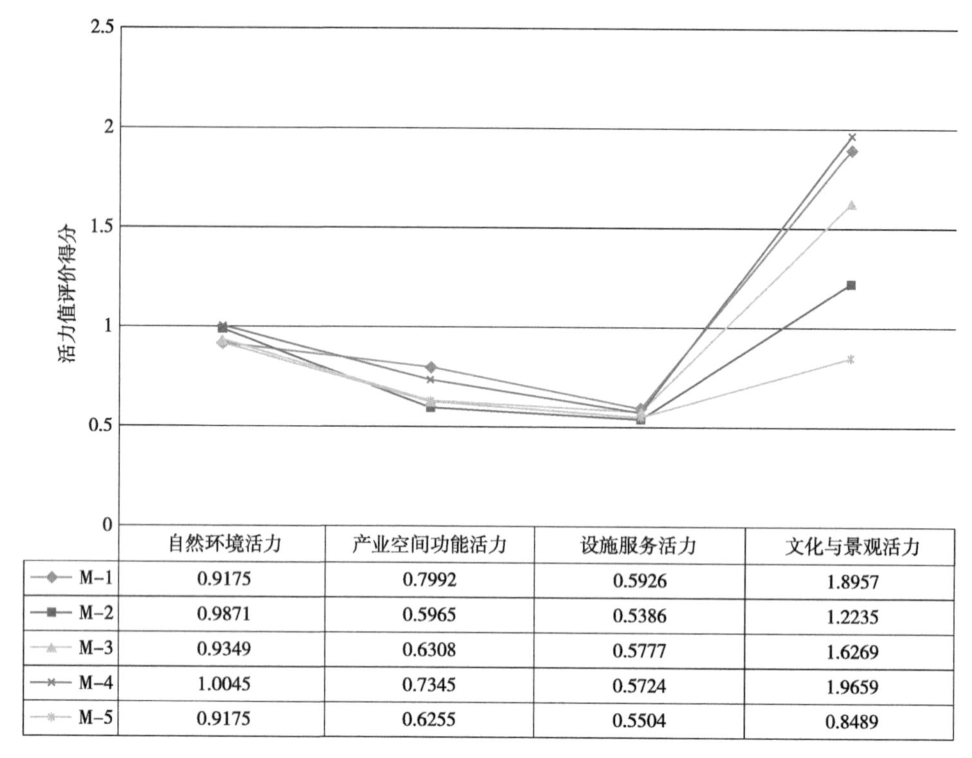

	自然环境活力	产业空间功能活力	设施服务活力	文化与景观活力
M-1	0.9175	0.7992	0.5926	1.8957
M-2	0.9871	0.5965	0.5386	1.2235
M-3	0.9349	0.6308	0.5777	1.6269
M-4	1.0045	0.7345	0.5724	1.9659
M-5	0.9175	0.6255	0.5504	0.8489

图 6-9　梦栖小镇公共空间活力评价

6.3.2　评价检验

通过图 6-9 分析可以看出，梦栖小镇公共空间活力总体比较良好，具有一定的吸引力。评价得分较高的空间是玉鸟流苏创意街区和文化艺术中心外部公共空间。评价得分良好的空间是小镇客厅和世界工业设计大会永久会址外部空间。评价得分一般的是万科未来城游园。

再次通过游憩观察法观察 5 处公共空间的使用者活动特征，从人群维度来看，M-1、M-4 空间的人群混合度和活动多样性最高，M-2、M-3 空间的次之，M-5 空间的最低。从时间维度来看，高峰活动频数 M-1、M-4 空间的最高，其次为 M-3、M-2 空间，主要峰值集中在中午和下午。波动系数 M-4 空间最小，其次为 M-1 空间。M-1 空间活力持续时长最长，其次为 M-4 空间。从空间维度来看，M-1 空间活动频数最高，其次为 M-4 空间。由此可见，梦栖小镇公共空间活力的外在活力表征与评价结果完全吻合。

6.3.3　评价分析

分析梦栖小镇玉鸟流苏创意街区和文化艺术中心外部公共空间活力值高的原因，主要有以下几点：

(1) 文化活动丰富

不间断的文化活动使这两个公共空间具有丰富的文化内涵和持久的生命力。在“玉鸟流苏”空间中，每年都会开展一些具有世界影响力的文化艺术活动，特别是一些针对设计行业的国际雕塑展、国际前卫艺术节等。很多艺术类的画家、雕塑家、音乐家也非常青睐在这里开展画展、雕塑展或举办个人音乐会。文化艺术中心也经常举办类似“良渚之光·艺术之美 中法艺术家对话”等文化艺术活动，吸引了大量市民游客的参与。

(2) 商业业态多样

“玉鸟流苏”不仅有风格各异的步行商业街、个性商店、特色咖啡馆与酒吧、美食餐厅与茶坊，还有大量的民宿客栈。具有地方特色的建筑风格也让“玉鸟流苏”的街道空间成为人们驻足观看、游玩购物的极佳场所。“玉鸟流苏”的活力还在于通过夜景灯光的打造为当地或周边居民、游客带来很多夜晚活动，晚上的“玉鸟流苏”常常吸引大量的人群来此喝茶、聊天、看演出、听音乐，这些居住在此的人会给夜间生活带来活力。书馆门口的咖啡吧提供了小资情调的休闲时光，这些多样的业态为梦栖小镇的公共空间增添了活力。

(3) 景观与周边环境融合

“玉鸟流苏”以廊道为纽带，相互连接组成了院落式的公共空间；这些公共空间依山就势形成了数个大台阶，为人们提供了良好的交流就座空间。村落式布局的 3 个庭院一方面对街道和自然风景开放，一方面却对街道人群又具有一定的私密性，让公共空间的使用者好似沉浸在自然山野之间。文化艺术中心晓书馆外侧是无边水池，与建筑之间用大落地玻璃窗相隔，光影之间将书馆与环境融为一体。东侧有一条樱花大道，两旁种满染井吉野，树间铺满深色的小石块。樱花盛开的季节，樱花道两侧是疏林草坡，西侧为大片油菜花田，使用者仿佛置身在油画中一般。

(4) 空间尺度合宜

两个公共空间中均有一些小广场、小绿地。尺度合宜的广场空间是使用者聚集、交流的场所，人们在此活动，从而加深了对广场的记忆。例如“玉鸟流苏”入口的小广场面积不大，但由于它的尺度特别适合小型的音乐会，因此常常吸引很多音乐爱好者来此表演。广场中心还设置了一些小型的喝茶空间，人们在消费的同时可以参与很多广场的活动。

(5) 周边用地密度较高

这两处公共空间周边有白鹭郡、良渚文化城、阳光天际，都是超级大盘，居住人口密度高，因此，为这两处公共空间的带来了高人气。同时，这两处空间又在公共服务空间和传统的住宅小区之间同时提供了商业、文化艺术类的活动，因此，受到了使用者的欢迎。

小镇客厅和世界工业设计大会永久会址外部空间评分为良好的原因主要有以下几点：

(1) 将场地历史文化进行了延续与保护

世界工业设计大会永久会址地块原为浙江建机厂，面对建机厂改造项目，设计师并非修旧如旧，而是选择通过工业设计的手段来解决世界工业大会会址的实用需求。所有人对这里的第一印象必然逃不开工业二字。极富质感的表皮与肌理，鲜明的色彩冲击，现代化的立面表达……一切元素与其作为世界工业设计大会永久会址的实用功能与设计初衷相得益彰。通过保留具有建机厂印记的屋顶桁架与龙门吊作为文化记忆的符号，兼顾工业文化和庭院享受，围绕龙门吊设置亲水平台，也为小镇提供举办沙龙、发布会等多种现代活动的空间平台。桁架既是背景，又是舞台，更是是矗立在场地中的建机历史。

(2) 富有特色的景观建构筑物小品激活了空间的活力

无论是在特色小镇的小镇客厅，还是在世界工业大会永久会址，都设置了大量特色性、有张力的景观构筑，随处可见橙色与纯白形成的视觉冲击，铝合金穿孔板材质，现代化的光孔形态使得它们在不同时段的阳光下都享有丰富的变化，增加了场地的趣味性，同时也增加了各类行为和活动的可能性，提升了场地的活力。

当然，这两处公共空间也还存在着一些不足，如缺少主题商业空间，休闲设施和场所也显得有些不足，运动和儿童设施就更加缺乏，这在一定程度上对场地的活力有所影响。

万科未来城游园评分为一般，主要原因是游园地处住宅区和商业区中心，游园也依水而建，但可惜的是，游园并未充分利用自身的优势。设计中，没有融入当地的河港文化，在设施上也过于单调，设计的整体性也较差，景观效果也一般，空间的围合性和尺度也不是特别合适，因此评分偏低。

总体来说，梦栖小镇公共空间的主要问题有以下几点：

(1)周边用地多样性不够

土地属性的混合可以产生功能的混合，而功能的混合是各种混合类型的基础。功能混合产生的形态混合和社会人群混合是支持小镇公共空间多样性和活力的核心力量。在特色小镇内，工业用地中可以混合办公、单身宿舍、小型商业服务设施等，这样才能为公共空间带来活力。从梦栖小镇的现状来看，公共空间周边用地的多样性还远远不够。

(2)公共空间内缺乏儿童活动设施、体育运动设施

在梦栖小镇5个公共空间内，均存在缺乏儿童活动设施和体育运动设施的问题。由第三章中我们对几个命名特色小镇的公共空间使用情况进行调查也可以看出，公共空间的使用者以青年人为主，儿童也占了很大的比例，他们对儿童设施和运动设施的需求比较大，因此，为了增强小镇公共空间的活力，在未来仍然需要不断增加小镇公共空间内儿童活动设施与体育运动设施。

(3)需要持续改善区内公共交通

梦栖小镇因为建设时间不长，小镇内公共交通仍然不是十分完善，这也在一定程度影响了小镇公共空间的活力，因此，在未来建设与发展中，仍需要持续不断地改善公共交通状况，方便人们出行。

(4)需进一步增强文化活动的趣味性

文化活动趣味性不仅会提高文化活动的参与度，也会间接提高文化活动的公众影响力。目前，梦栖小镇的文化活动以工业设计、文化艺术交流为主，这当然是小镇的特色，但仍然需要进一步思考如何将这类活动办得更加有趣味性，以提升公众的兴趣，促进公共空间活力的提升。

6.4 本章小结

本章根据第5章特色小镇公共空间活力评价体系和活力度评价指标的五级划分标准，通过问卷调查和现场勘察，对梦栖小镇的5处公共空间进行了评价，所做研究得出以下研究结果：

(1) 玉鸟流苏创意街区空间文化艺术中心外部公共空间活力评价等级为优秀；小镇客厅外部公共空间、世界工业设计大会永久会址外部公共空间评价等级为良好；万科未来城游园空间活力评价等级为中等。梦栖小镇公共空间活力总体处于良好状态。

(2) 再次通过游憩观察法观察 5 处公共空间的使用者活力特征，发现梦栖小镇公共空间活力的外在表征与评价结果完全吻合，证明基于风景园林学视角，采用德尔菲专家评价法所构建的特色小镇公共空间活力评价模型科学合理可行。

(3) 根据梦栖小镇公共空间的活力评价发现梦栖小镇的两个公共空间活力评价高的原因是：文化活动丰富、商业业态多样、景观与周边环境融合、空间尺度合宜、周边用地密度较高。

(4) 梦栖小镇公共空间存在的主要问题为周边用地多样性不够，公共空间内缺乏儿童活动设施、体育运动设施，区内公共交通还需持续改善，且需进一步增强公共空间内文化活动的趣味性。

7 杭州特色小镇公共空间活力优化提升策略

基于之前章节研究得到的问题，结合国家和地方发展特色小镇的政策法规，并借鉴国外的相关经验，综合考虑未来发展趋势，本章提出现阶段特色小镇公共空间活力的优化提升策略和设计指引。首先从宏观上提出杭州特色小镇公共空间活力提升的指导思想与原则，接着从中观上提出杭州特色小镇公共空间活力提升策略，最后从微观上提出杭州特色小镇 4 类公共空间的设计指引，以期为杭州特色小镇公共空间的活力提升从宏观到微观提供指导。本章的具体研究思路如图 7-1 所示。

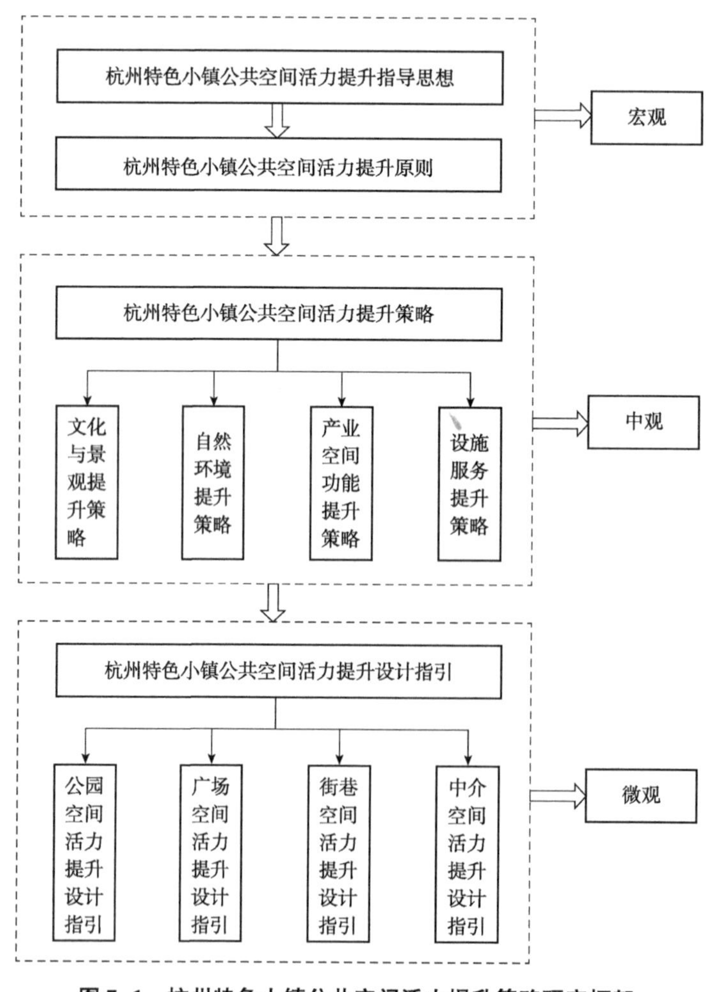

图 7-1　杭州特色小镇公共空间活力提升策略研究框架

7.1 杭州特色小镇公共空间活力提升指导思想

以提高城镇化质量为导向的新型城镇化战略为方向，以风景园林学人居环境建设为目标，注重公共空间使用者与小镇自然环境的相互依存、相互促进、共处共融，保护小镇的山水环境，形成绿色的发展方式和生活方式。以浙江大花园建设为指引，实现特色小镇高质量发展和小镇居民高品质生活相结合，实现杭州特色小镇的生产、生活、生态的融合，努力从文化与景观、自然环境、产业空间功能、设施服务 4 个方面全面优化提升小镇的公共空间品质，让小镇公共空间的使用者能具有获得感，提升幸福感。

7.2 杭州特色小镇公共空间活力提升原则

7.2.1 文化与景观相结合的原则

特色小镇以特色产业著称，蕴含着深厚的特色文化，是人类历史的组成部分，是重要的社会财富和精神财富，其价值不能测量并用确切的语言和数量来表示，随着时间的推移，这种文化意义的价值会越来越大。小镇的公共空间正是利用和承载这些文化的绝佳场所，将这些文化的表达与景观进行结合，可延续和保护小镇的特色文化，最大程度满足使用者的物质与精神需求。传统和独特的建筑、图案、村庄、破城墙遗址见证了历史事件的地点及其他物质载体甚至树木、岩石和各种习俗特征，都可以通过景观的设计手段，使它们奇迹般地恢复光彩，从材料的选择、色彩的确定，到景观小空间的营造，处处都可展示和融合小镇文化，为使用者创造更富有地方标识的公共空间，让使用者对公共空间有更多的认同感和归属感。当然，历史文化也并非总以严肃的方式来呈现，在休憩的空间之中可以用更友好的方式传递给来访者。如通过扫描景墙或坐凳上的二维码，到访者就可以获取更多的资讯和故事，用科技的方式增加人和景观的互动，从而让每个人都能在不断演进的景观中留下自己的痕迹，同时也加强他们对小镇进一步的认知。

7.2.2 自然环境与人居空间融合的原则

特色小镇的山水自然环境常常具有鲜明的特色，在特色小镇公共空间营造的过程中需充分尊重小镇的自然山水风貌和独特肌理，整合和优化自然环境与人居空间的关系，将自然引入到公共空间中来，提升公共空间活力，加强社会连接，保持场地的可持续性。自然的引入可有 3 种方式，一是在公共空间中将周边的自然山水直接融合。二是通过视线组织，将周边自然山水引入公共空间，使用者虽然不能近距离接触到自然山水，但自然山水成为公共空间的背景。三是通过景观设计，将自然山水元素抽象后应用于公共空间的景观设施中。如由 Sasaki 设计的纽约州伊萨卡市中心的公共空间，就是以伊萨卡壮观的峡谷景观为灵感，将优美的山景引入伊萨卡的城市肌理，建立了一个充满生机与活力的中心地区。别树一帜的自然树叶铺装图案，将自然与公共空间进行了很好的融合。茂密的花草树木为街头添加了无穷的生命力，缔造出绿意盎然的行人休闲区(图 7–2)。

图 7–2 伊莎卡公共空间环境

7.2.3 设施与服务协同的原则

特色小镇公共空间设施与服务是保障公共空间正常使用的关键，在对公共空间设施与服务的研究上，不仅要关注单类设施的选址、可达性以及空间公平性等方面，也需要充分考虑公共空间不同设施与公共服务的协同配合。因为小镇公共空间是综合、复杂的整体系统，小镇公共空间功能正常运转需要不同设施与公共服务协同配合，并且公共空间的设施与小镇的其他用地具有空间和时间的关联性。从空间上看，需要考虑公共空间设施布局与其他用地的耦合性；从时间上看，小镇公共空间设施的不同建设时序也会影响小镇各项功能的合理性，因此，在小镇公共空间设计中，需运用设施与服务协同的原则，以进一步提高公共空间的运转效率和服务质量。

7.3 杭州特色小镇公共空间活力提升策略

7.3.1 文化与景观提升策略

对于特色小镇的公共空间来说，景观环境与文化氛围、文化活动仍然是最主要的影响要素。因此，特别要注重公共空间中环境景观的优化，通过植物、地形等元素营造优美的公共空间环境，诱发人们在公共空间进行活动。每一个特色小镇，都有其特色文化，因此，特色小镇公共空间文化氛围的营造是小镇空间活力提升的重要手段。小镇应以本地文化为基础，充分利用传统文化资源，如设置小镇独特的文化标识，包括结合自然山水的塔、廊、庭、入口标志景观等，都可以增强小镇居民的文化自信。体现小镇文化丰厚度的景观场所与设施，也是小镇重要的文化空间，方便满足人们对小镇文化的追求，对提高小镇居民的文化素质也有积极作用。此外，还可以充分运用触媒理论，用一个点的特色文化或景观改变它周边环境的要素。

另外，可以利用场地条件增加休憩娱乐设施。如杭州的一些特色小镇因为布局相对灵活自由，水系桥梁又比较多，可以利用一些桥梁、建筑底层空间等适当增加公共空间，在这些公共空间中可以加强景观标识凸显小镇的文化(图 7–3)。除增加公共空间的面积和数量外，还需要通过增加景观设施来促进人们对公共空间的使用，如针对不同年龄层次，分别提供相应设施，包括休闲休憩设施与场所、老年人活动设施与场所、儿童活动设施与场所、运动健身设施与场所、水景设施、智能游园使用设施等(图 7–4)，以满足不同年龄层使用者不同的活动需求，还可以让小镇居民或游客以表演者或是围观者等多种身份参与活动，进一步提升空间的趣味性。另外，提升公共空间的整体景观环境，让使用者在环境优美的场地内活动与休憩。

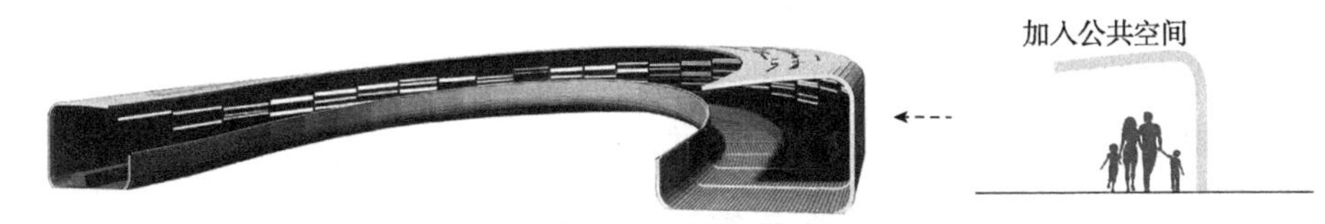

图 7–3　利用桥下空间增加公共活动空间

图 7–4　增添景观设施提升公共空间活力

7.3.2 自然环境提升策略

杭州的特色小镇往往都是位于那些自然基底较好的地方，所以在进行自然环境的提升时，最重要的是梳理小镇公共空间周边的自然山水资源，显山露水，把自然引入到公共空间中来(图 7-5)。在不断的城市化进程中，人们对自然环境的渴望越来越深，特别是在经历了 2020 年新冠病毒的影响之后，人们对自然山水的保护意识、亲近意识更加强烈。杭州的自然山水比较优美，区域内所有的特色小镇或邻水、或望山、或山水俱佳，因此，要充分分析这些自然山水的脉络和肌理，保护山水空间环境，并将它们或从视线引入，或以绿道串联，借助山水植物、构筑营造公共空间场地舒适的微气候环境(图 7-6)，使特色小镇的公共空间成为“望得到山，看得到水，记得住乡愁”的理想人居空间。

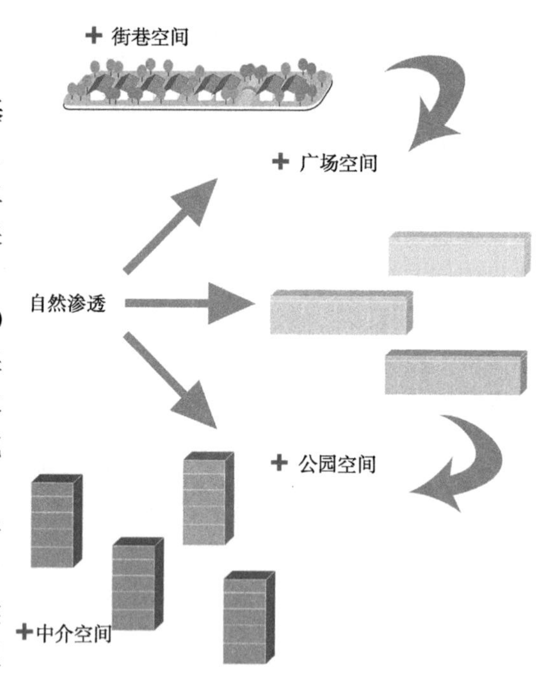

图 7-5　将自然山水渗透到各个公共空间

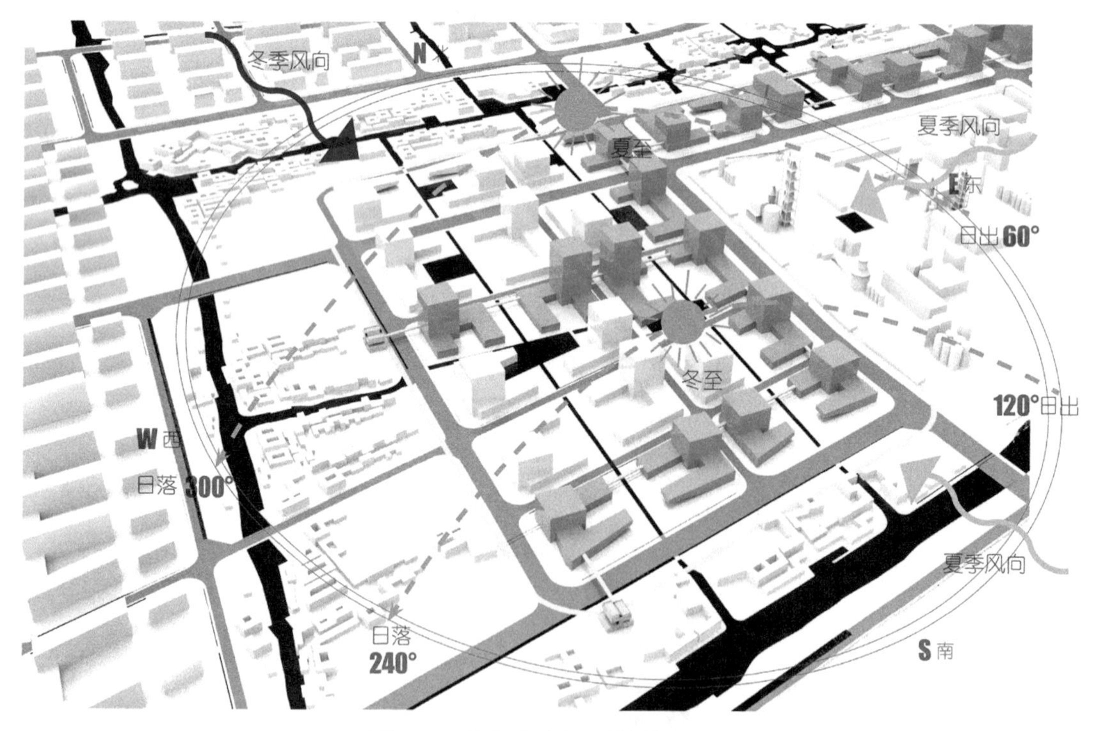

图 7-6　营造公共空间微气候示意

7.3.3 产业空间功能提升策略

特色小镇的产业始终是其核心，但产业的生产和公共空间的活力营造并不矛盾，而且，具有活力的公共空间往往还能促进产业的良性循环发展。杭州一些特色小镇的产业产品非常具有地方特色，有些产品和人们的生活息息相关，利用公共空间对这些产品进行销售和展示，不仅可以加大对产业的宣传，也让公共空间具备了更多功能特性，所以，从这个角度来说，特色小镇的公共空间与乡村或城市其他公共空间相比，会有很大的不同，它不仅具备其他公共空间的基本休憩、交流等功能外，还是小镇产业的一个展示窗口，承载着产品宣传与人们对产品体验的双重功能。另外，杭州一些特色小镇的原本肌理为农田，在小镇公共空间的营造过程中，也可以将农田这一特色元素保留，让人们享受美丽生态的自然农田所形成的别具特色的公共空间，形成城田共融的产业空间新形态(图 7-7)。前文中调查过的梦想小镇和艺尚小镇，都不约而同地在小镇中心地区块内设置了农业肌理地公共空间，获得了很高的人气和好评。

图 7-7 “城田共融”产业空间新形态

7.3.4 设施服务提升策略

杭州特色小镇公共空间的设施服务提升主要从以下几个方面入手：

一是要提升公共空间的可达性。不仅包括地理位置可达，也包括视觉上的可达和心理上的可达。目前，一些特色小镇从地理位置上来说，离市区有一定的距离，公交系统的完善对于小镇公共空间的使用就变得非常重要。由于杭州很大部分特色小镇位于河道旁，可以考虑设置水上交通，与轻轨交通、公交交通进行换乘。结合绿道建设及一些公共建筑的天街长廊，甚至结合一些原有农业基底的村庄步行道和城市外部的快速路、主干道、次干道及支路进行交通转换，实现小镇范围内公共空间的便捷可达(图 7-8)。另外，小镇在布局公共空间场所时也需要充分考虑停车场地。无论多么有吸引力的公共空间，如果可达性差，它的使用都会大打折扣，使用人数降低，会带来公共空间活力的降低，同时也会带来维护管理水平的降低。因此，需要规划紧凑且适宜步行的集聚区(图 7-9)，建立便捷的交通转乘系统，也可以通过绿道等形式加强各个公共空间的连接，增强公共空间的物理可达性(图 7-10)。

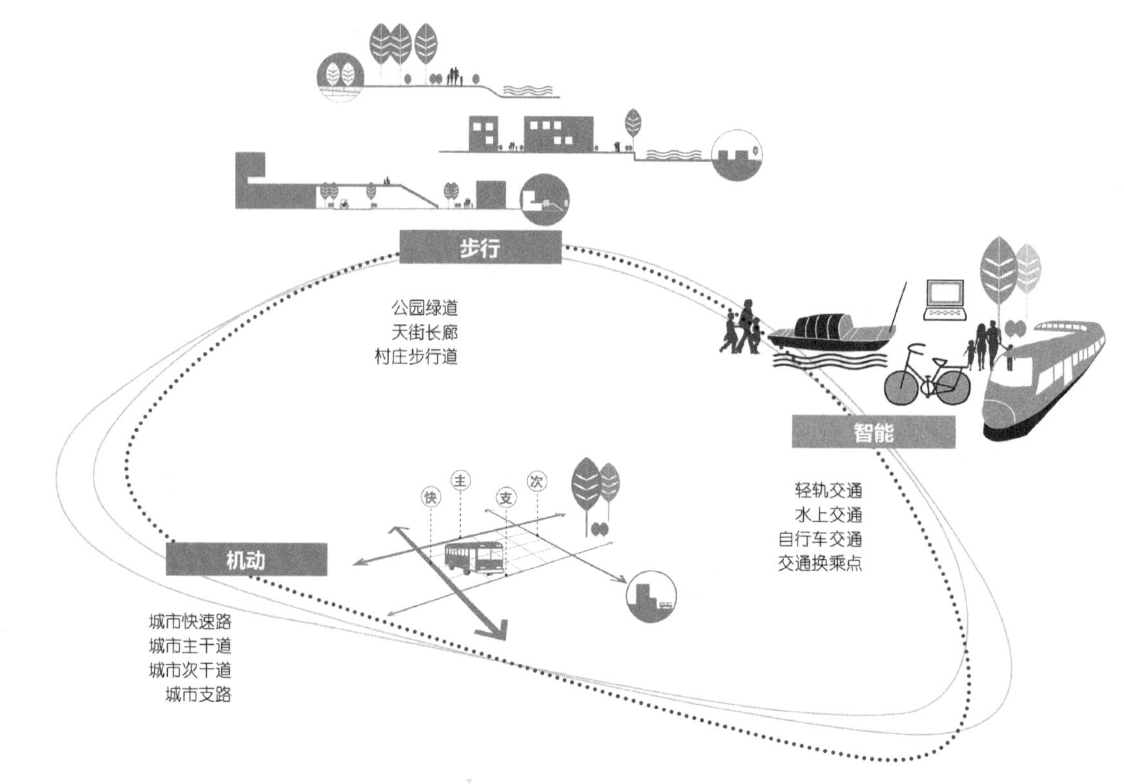

图 7-8　交通组织示意

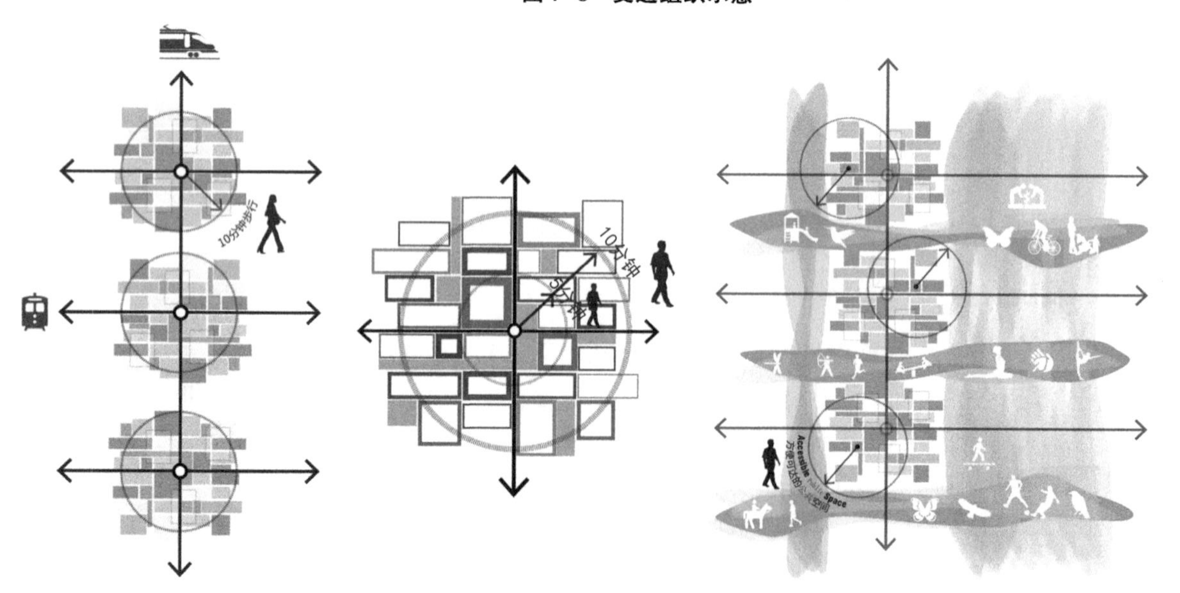

图 7-9　适宜步行的集聚区示意　　　　**图 7-10　互相连接的公共空间**

另外，可以通过视线可达和心理可达来促进公共空间的可达性，如杭州梦想小镇的欧美金融城公园就是一个典型的例子(图 7-11-a)，从航拍照片上看，公园设计新颖，整个公园沿河布置，景观效果也不错，但使用率特别低，主要原因就是它的服务设施不到位，视线上的可达性差。在活力提升时，就应该梳理沿路的植物和构筑，让公共空间适时地显露出来，促进人们的使用。此外，有些公共空间需要加强心理上的可达，如龙坞茶镇的兔子山公园（图 7-11-b），它坐落于一片茶山之上，自然风光秀美，但在最初的设计中采用了大量冷冰冰的花岗岩石材，草坪上种植了很多城市化的树木，不仅和茶园的自然风光不搭配之外，还拉远了使用者的距离。

(a)欧美金融城公园 (b)兔子山公园

图 7-11 公共空间可达性差示例图

二是特色小镇公共空间必须加强安全设施的配置。很多特色小镇处在城乡结合部，周边的环境相对复杂，加上特色小镇自身也处在建设期或投入使用的初期，如果不能解决安全问题，很多公共空间势必会越来越萧条。这种安全问题不仅仅是空间本身的，诸如铺装的安全，夜晚使用的安全，也包括软件上的安全设施。只有硬件、软件两方面都安全了，人们才会在心理上信任公共空间，才会更多地使用公共空间。

7.4 杭州特色小镇公共空间活力提升设计指引

杭州特色小镇公共空间活力提升主要是提升公园空间、广场空间、街巷空间以及中介空间。

7.4.1 公园空间活力提升设计指引

特色小镇的公园空间进行活力提升，主要从景观绿化、微地形改造、园路提升、设施配套 4 个方面入手。

7.4.1.1 景观绿化

(1)每个公园绿化提升，应至少大面积呈现一处植物景观特色，如成片的色彩景观特色、观赏花卉主题特色、果林特色等。

(2)公园空间绿化提升，应切实做到生物多样化，丰富物种，可开辟引种驯化的单独小片区域，为特色小镇绿化中的引种驯化积累经验。

(3)最大限度发挥植物的功能，如组织分隔空间、安全隔离等，降低围墙、栅栏等的使用频度，最大化发挥生态效益。

(4)引入“健康林”概念，选择植物挥发物有益于人体健康及慢性修复作用的品种，吸引更多人来公园活动。

(5)儿童活动区域可在树形、花色、叶色、习性等方面满足儿童心理特征，最好是具有可以满足触觉、味觉、视觉、嗅觉的植物材料，以加深儿童的体验感受，增加其认识自然的机会，寓教于学。同时，注重公园绿化丰富的生境营造(图7-12)。

图7-12 公园景观绿化设计示意

7.4.1.2 微地形改造

(1)微地形改造可以遮掩小镇公共空间外很多不良的景观，也可以成为公园内很好的观景场所。

(2)平地公园可通过微地形改造，丰富景观层次，塑造不同的空间；山地公园可通过微地形改造，挖掘更多游赏空间，景观特色更为鲜明。

(3)微地形改造应结合雨洪处理和小镇的排水系统综合考虑，不仅能营造不一样的水景景观，还具有教育意义，更能吸引家长、老师带着孩子进行参观(图7-13)。

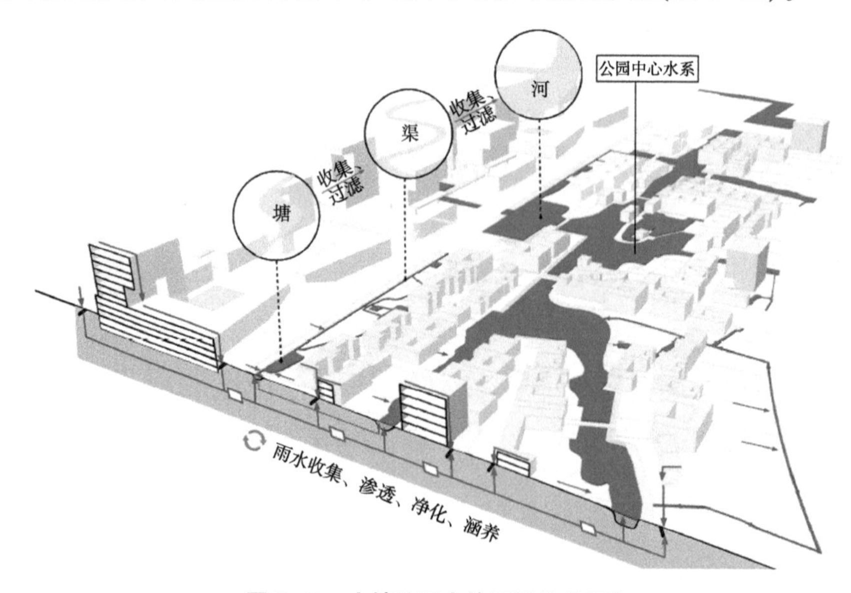

图7-13 小镇公园内的雨洪处理示意

7.4.1.3 园路提升

(1)园路的布局应根据地形、地貌、观赏景源的分布合理布置，园路铺装要适于步行。

(2)园路提升应考虑不同人的行走难易程度，满足不同体力人群的合理选择，并形成环路。

(3)设置健康指示牌，使用者可根据个人体重、行走时间测算卡路里消耗量。

7.4.1.4 设施配套

(1)尽可能多地增加休憩设施、娱乐设施的数量和质量，为使用者在公园内开展各类活动提供服务。

(2)尽可能多地增加运动设施，如跑道、羽毛球场、乒乓球场等，吸引人们来此健身运动，保障人们健康的同时，增加公园的人气。

(3)配套与小镇产业相关的商业在公园中，增加公园的人气。

(4)增加公园的夜景照明设施，提高公园夜间使用的安全性。

(5)公园应设置融入小镇文化主题和公园特色的景观标识。

(6)公园内应设置反映公园文化主题的指示牌等标识系统。

(7)需充分考虑公园内的厕所设施和其他环卫设施、停车设施以及其他安全保障设施。

7.4.2 广场空间活力提升设计指引

特色小镇的广场空间结构和布局需根据小镇的空间结构以及用地、交通条件确定，应有利于人们的生活，有利于改善小镇环境，有利于增强小镇活力。广场的活力提升应结合本地历史文化、生活习俗等社会环境和地理、气候、资源等自然条件，凸显小镇特色[147]。从类型上说，特色小镇的广场一般分为小镇客厅广场、文化广场、商业广场。小镇客厅广场可用于小镇集会、庆典、礼仪、传统民间节日活动。小镇客厅广场应有强烈的小镇标志作用，往往安排在小镇的中心地带，或者布置在通向小镇中心的干道尽端。小镇客厅广场需根据人流迅速集散的要求加强外部交通组织。文化广场上应布置体现小镇特色文化的景观标志或设施，文化广场应向使用者提供足够多的文化体验设施，以利于人们参与小镇的文化活动，可在广场中设置文创灯光，使灯光艺术与使用者深层次互动，把特色小镇广场和小镇文化进行有机融合，让小镇广场具有生命力和活力。特色小镇商业广场的布置对于小镇公共空间活力的营造意义重大，商业广场不仅是小镇特色产业的展示窗口、体验平台，更为小镇聚集人气提供了很好的场所。在商业广场的设计中，应营造舒适的购物、商贸交流环境，提供足够多的休憩设施和餐饮设施。具体的广场活力提升设计可从空间尺度与比例、空间围合、设施等综合考虑。

7.4.2.1 空间尺度与比例

在对小镇的广场进行设计时，尺度的把控特别重要，因为一个大而无当的广场是很难吸引人来此活动的。特别是特色小镇的广场，在国内特色小镇广场场地调查中也常常发现，因为要考虑举办一些文化或民俗活动，很多广场场地尺度都超出了常规。这样的广场，在举办活动时能满足大流量人群的需求，但在平日，它的使用效率极为低下，与现今所提倡的公共空间多元功能使用相违背。因此，小镇广场的设计给设计者提出了更大的挑战，要求他们要通过设计解决既满足举办活动时人群聚集的需求，也能吸引平日居民的光临。针对此，可以从以下几个方面进行考虑：一是合理创造一些台地空间，有效地将广场形成若干个亚空间，这种视觉上的分割不但可以为广场的多功能使用带来便利，也不影响广场举办大型集会活动。二是可以通过在广场上设置树阵、灯柱阵来满足高集聚的同时，又有效地对空间进行视觉上的分隔。三是可以通过改变铺装的材质和图案，在心理上限定广场的空间尺度。

7.4.2.2 地面铺装

广场的铺装设计也是广场设计的重要内容。在特色小镇的广场地面铺装设计中，需要从以下几个方面来进行考虑：第一，要考虑广场地面的安全性，如杭州属于江南地区，雨水时间比较长，广场的地面铺装一定要充分考虑防滑性，以免公共空间的使用者滑倒。第二，广场地面的材料要尽可能选用当地特色的材料，很多历史文化小镇中，都采用了杭州本地的老石板、瓦片、青砖等来作为铺装材料，这不仅和周围环境十分协调，还大大减少了广场的施工费用，而这正是小镇公共空间生态理念的一种体现。第三，广场铺装的图案也可以充分体现小镇的历史文化，如杭州玉皇山南基金小镇的江洋畈公园入口广场的地面上就镶嵌了镂刻杭帮菜文化的耐候钢板，让人们一进入这个空间，就能对这里的文化有一个初步的认识和了解。

7.4.2.3 广场的公共设施

广场要想把人留住，需要在公共设施上下足功夫，没有公共设施的广场，只能称之为一块地，不能成为一个空间。研究表明，座位等公共设施形状、尺寸和布置上的多样性极大地影响着对小镇广场的潜在公共使用[148]。在具体的设计中，可以根据边界效应原理，在广场的边界空间中设置一些休息座椅。同时，这些边界中，最好能将座椅布置在凹空间中，让使用者能获得更多的安全感，因为从景观心理学的研究来看，人们在背后有庇护的空间中更能获得安全感(图 7-14)。其次，一些富有文化内涵的景观标识物、雕塑、小品等，也能极大地加强广场的辨识度和个性特征，还能激发人们更多的想象。如深圳就开展过活力广场的活动，通过增加一些趣味性和设计感强的景观小品，增强广场的活力。在广场上设置像雨伞一样能自动打开关闭的景观亭，能随着温度调节的旱喷泉等，都极大地吸引了使用者来广场上开展活动。

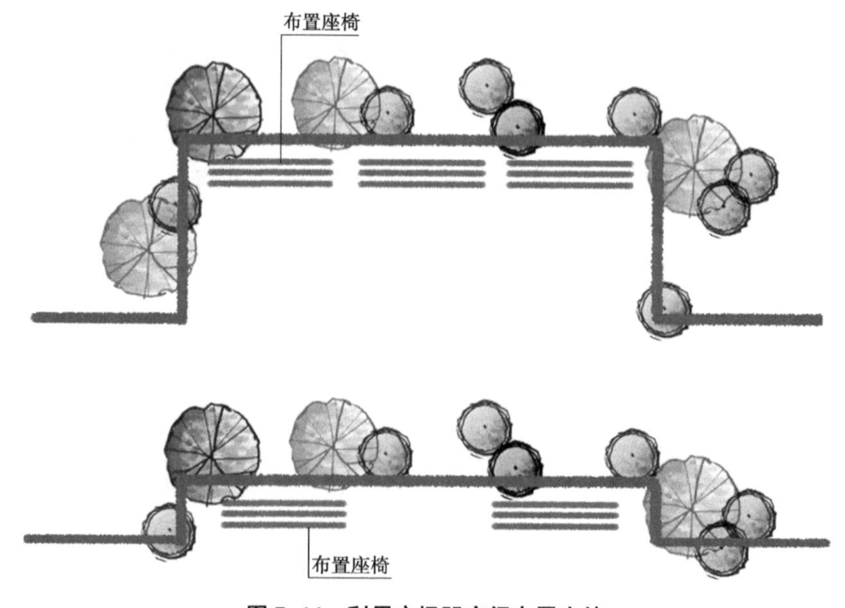

图 7-14 利用广场凹空间布置坐椅

7.4.3 街巷空间活力提升设计指引

7.4.3.1 完善街巷设施，构建安全街巷空间

街巷空间活力的提升，首要考虑的是提高街巷的安全性。如对破损的街道路面、盲道进行修补。其次，应补充人车隔离设施，保证步行空间的安全性，使得对安全要求较高的活动能在街巷空间中发生，如儿童游戏、静坐、购物等。再次，应补充完善街巷空间的照明设施，营造安全氛围。另外，很多特色小镇都具有历史文化传统街巷，用灯光勾勒传统建筑的外轮廓，可以让居民和游客更好地感受传统建筑的美感。同时，在夜间提供照明，还可以诱导文化活动、商业活动等更多的夜间活动。此外，完善街巷指引系统，为外来游客提供指引。

7.4.3.2 提升环境，营造舒适街巷空间

舒适的街巷景观环境，可以为使用者提供愉悦的慢行体验，而且有利于各类街巷活动的发生和持续。首先，应增加小镇街巷空间的绿化景观设施，丰富美化街巷边界空间，从而诱导人们来此进行散步、交谈、静坐等持续性活动。其次，补充和修复桌椅、花坛、廊亭等可供休息的街巷设施，满足使用者的休息需要，同时也为各类停驻型活动提供场所，特别是诸如饮茶、喝咖啡、夜市等具有小镇特色的活动。最后，需要不断完善街巷空间的卫生设施，保持街巷空间的秩序与整洁。

7.4.3.3 注重尺度，形成富有变化的街巷空间

首先，特色小镇的街巷长度最好能控制在人感受最舒适的长度，据相关研究发现，街巷的宽度在 12m 以内，会让人更加觉得亲近，长度在 300~600m 的街巷，也同样会让使用者觉得更加舒适。其次，街巷空间因为相对比较围合，因此可以创造出很多变化丰富的亚空间，这些空间有的是室内空间，有的是半室内空间，有的是室外空间，他们交错组合，能让人们感觉街巷更富有变化并且有趣(图 7-15)。再次，街道的游览是线形的，那就需要设计者根据游览体验来进行街道空间序列的设计。在入口、空间节点、路径中运用起、承、开、合等转折变化，为游客和当地居民形成一种有机的街巷秩序感(图 7-16)。

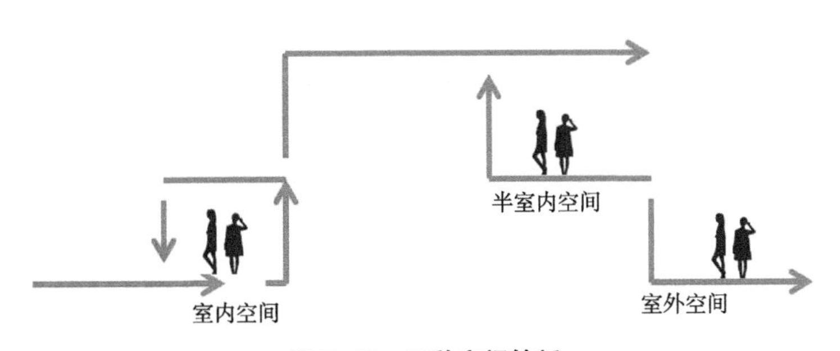

图 7-15 三种空间转折

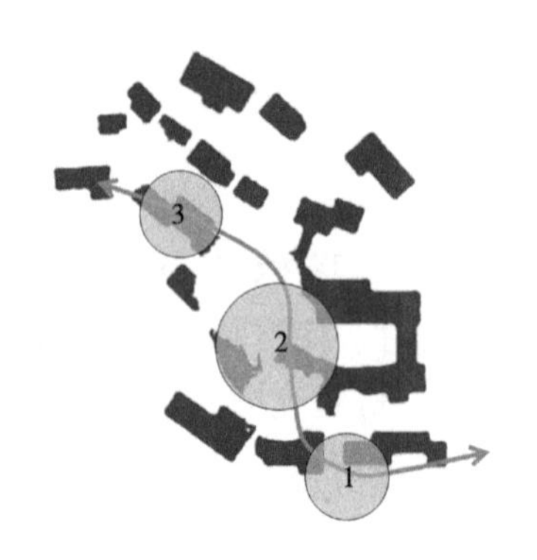

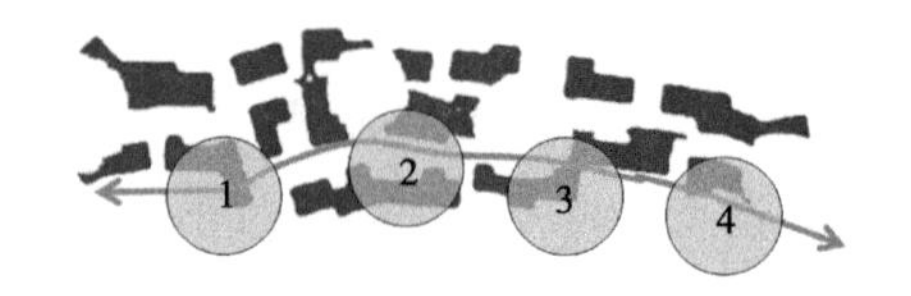

1 空间节点 → 2 空间节点 → 3 景点标志　　1 空间节点 → 2 路径 → 3 空间节点 → 4 景点标志

图 7-16　街巷空间流线组织

7.4.3.4　文化表述，延续场地记忆

街巷常常反映一个地方的特质[149]。这是由于一个特色小镇的街巷常常承载了很多居民日常生活，他们每天在此活动，也获得了对这个场所的最深记忆。设计应允许探索和延续街道记忆，保护与发展并存，使场所与精神融入街巷的景观设计之中。除了对文化记忆的挖掘与表达，将市民的文化生活融入街巷设计，打造有生命力的街巷空间也非常重要[150]。市民的文化生活是随着社会的长期发展而形成的，它鼓励人们在街道和小巷中进行高质量的文化生活，为他们提供合适的场所，对小镇居民和外地游客产生积极的影响，也有助于体现小镇发展的特点。

7.4.4　中介空间活力提升设计指引

中介空间是特色小镇中比较常见的公共空间，包括屋顶花园、建筑底层架空空间、桥下空间、建筑外部环境空间等。对于这些空间的活力提升需要充分考虑公共空间与周边建筑之间的关系。

7.4.4.1　屋顶花园

特色小镇的屋顶花园可运用“农场”的概念，可用食材花园、生产性景观、可食性景观都可以在屋顶花园中设置(图 7-17)。屋顶农场有全龄段受众，可参与、互动、体验。可在屋顶农场的自然环境中，进行一些类似瑜伽等的休闲运动；同时也可以举办婚礼、播放露天电影、策划休闲活动等；甚至可以在屋顶农场的自然环境中，采集新鲜的蔬果，制作成沙拉等食物，并举行一些小型派对；屋顶花园也可同时结合商业运作，对屋顶花园的蔬菜、园艺产品等进行售卖，用商业带动人气。

图 7-17　屋顶农场花园示意

7.4.4.2 建筑底层架空空间

底层架空空间充分体现了建筑灰空间的性质，即半私密、半开敞的过渡空间性质。底层架空空间的设计应考虑地域气候条件。杭州冬春季多雨水，夏天阳光强烈，天气炎热，架空空间一方面可遮阳避雨、提供适于交往的公共开放空间；另一方面架空的建筑设计更能体现江南地区通透、灵巧的风格，而且更能形成很多流动的空间，丰富建筑的底层界面。在具体设计上，底层架空空间内可引入绿化、水体、小品及座椅、灯柱、体育设施等(图 7-18)，使人感觉虽处在架空空间内，但又能感受到室外的大自然。

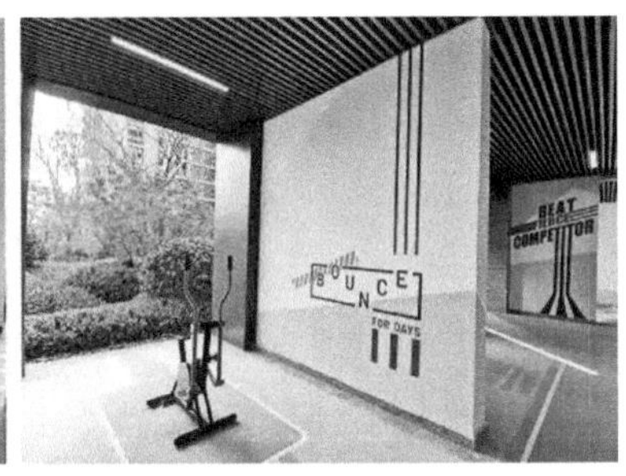

图 7-18　利用建筑架空层拓展运动空间

架空层空间还可以成为绝佳的展演场所，丰富的剪力墙结构提供了天然的布展墙，错落的墙体之间围合的空间稍加规划即可呈现有趣的观展动线，展演的主题可根据小镇的活动或小镇居民日常的生活事件而改变，不变的架空层与生活在其中的人们发生碰撞产生丰富的文化，人与小镇的联系也因此变得更为亲切和紧密。架空空间的进深与架空高度的比例极大地影响了空间的感受，因此，架空层设计时一定要体现室内外空间的相互渗透，让更多的阳光进入架空层中。另外，还需充分考虑架空层和周围景观功能的互融互补，使两种空间的元素相互融合，相互渗透。

7.4.4.3 桥下空间

杭州所在的江南地区水网密布，因此，杭州的特色小镇几乎都有河道穿行其中。因此，桥梁成为杭州特色小镇中的重要组成部分，利用桥梁形成的桥下空间也是杭州特色小镇公共空间的重要组成部分。桥梁下的公共空间可以设置运动场地、文化活动场地、商业场地，可以通过在桥下设计绿道和小镇内其他公共空间进行连接。还可以根据桥梁的高度设置多层公共空间(图 7-19)，如同“Team 10”所主张的那样，分层而宽阔的空中街道，既是线形的延伸，又联系着一系列场地，将会极大改善区域的活力。

7.4.4.4 公共建筑外部环境空间

芦原义信[151]认为建筑的外部空间与庭院或开敞空间是不同的。因为这个空间是建筑的一部分。建筑空间根据常识来说是由地板、墙壁、天花板三要素所限定的。然而，外部空间作为一个“没有屋顶的建筑”来考虑，不可避免地受到地面和墙壁这 2 个要素的限制。特色小镇外部环境空间的优化提升可以从以下几方面来展开：首先，小镇居民或游客的活动，可以作为一种连续的过程，他们不仅仅在室内活动，也会常常在户外活动。因此，外部空间必须考虑其视觉范围和必须经过的路线。其次外部环境空间中需充分考虑空间的流动，漏窗、

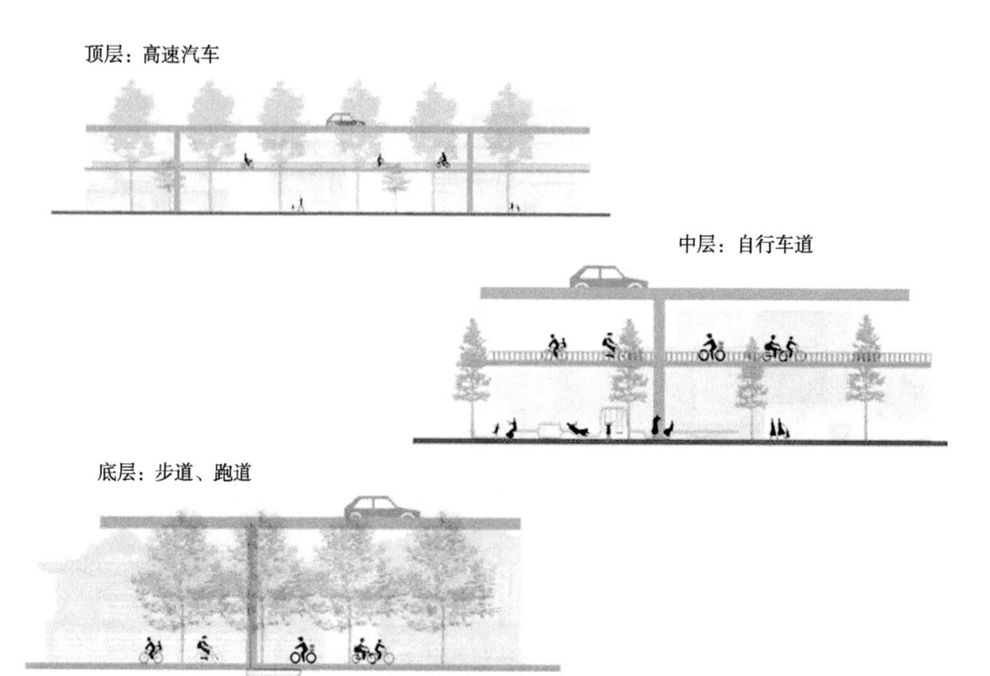

图 7-19　桥下空间复合利用

山石、植物等常常为这种空间的联系与互动提供可能[152]。而特色小镇的建筑造型往往比较特别，更容易形成变化丰富的多样外部空间，利用这些空间，可以创造多种层次、多种功能的公共空间，为小镇居民和游客带来丰富的体验。

7.5　本章小结

本章根据前文的特色小镇公共空间活力影响机制与评价结果，从宏观、中观、微观 3 个维度提出了特色小镇公共空间活力优化提升策略。

(1)从宏观上，杭州特色小镇公共空间活力提升必须以生态文明建设为导向，以浙江省大花园建设目标为指引，尊重杭州的自然环境背景，尊重杭州的地方文化，提升特色小镇公共空间的品质与活力。

(2)从中观上，提出杭州特色小镇公共空间活力提升策略：增添景观设施，提升景观环境，创造文化氛围，开展文化活动；梳理小镇公共空间周边的自然山水资源，显山露水，把自然引入到公共空间中来；融入更多产业展示与商业贸易，增强公共空间的功能多样性；提升公共空间的可达性，并保障使用者安全使用各类公共空间。

(3)微观上分别从公园、广场、街巷、中介 4 种空间类型提出了公共空间活力提升设计指引。

8 结论与讨论

8.1 研究结论与创新点

积极的小镇公共空间在特色小镇发展中不仅对小镇居民生活质量起到改善的作用，而且对于小镇环境的宜居和健康有重要的贡献。然而，许多特色小镇在建设发展过程中，由于过分注重产业经济发展而忽视了促进人们交流交往的公共空间的营造，导致小镇的公共空间活力不足。因此，本书针对特色小镇公共空间活力展开了系统性研究，分析了特色小镇公共空间活力特征，探明了特色小镇公共空间活力的影响机制，确定了特色小镇公共空间活力评价的指标，从而构建了特色小镇公共空间活力评价体系并进行了实践运用，提出了杭州特色小镇公共空间活力优化与提升策略。研究成果对特色小镇设计和构建高活力度的公共空间，提升小镇公共空间品质具有很强的指导意义。本书的主要结论有：

(1)从人群、时间、空间 3 个维度研究特色小镇公共空间的活力特征，提出自然山水环境、微气候、产业发展、商业活动、空间尺度、周边的人口密度、设施配套、可达程度、管理运行、景观环境、文化氛围、文化活动等是影响小镇公共空间活力的主要要素。

(2)通过对上述 13 项影响要素进行因子分析和主成分分析，将特色小镇公共空间活力影响因素分为四大类。通过特色小镇公共空间活力影响因素结构方程模型的分析，发现四大类因素对公共空间活力的影响值分别为：文化与景观(1.230)>自然环境(1.221)>产业空间功能(1.044)>设施服务(0.825)。

(3)建立了特色小镇公共空间活力的评价体系。特色小镇公共空间活力评价体系共包含 3 个层次 5 个等级，经实践检验，所构建的评价体系及五级制评分标准具有很强的可靠性，评价标准和等级的制定为评价公共空间活力提供了范式。

(4)根据影响机制和评价体系研究结果的分析，从宏观、中观、微观分别提出了杭州特色小镇公共空间活力优化与提升策略。

本书对特色小镇公共空间活力影响机制与评价进行的研究，完成了从定性分析到定量计算、由综合判定考量到典型情况分析的整个过程，构建了特色小镇公共空间活力影响机制和评价体系模型，给出了评价方法、评价过程和评价结果的等级说明，提出了活力优化提升策略，本书所做研究具有以下 3 个方面的创新点：

(1)建立了特色小镇公共空间活力影响机制研究模型。对于公共空间的活力影响因素，多年前有关学者就已经展开了研究，但大多是基于活力特征分析展开定性的分析，鲜见定量的计算。本研究突破以往停留在定性层面的分析，将定性与定量研究相结合，使得对公共空间活力的研究向着更加科学和清晰的方向升华，并立足我国特色小镇公共空间建设的现状问题，通过构建结构方程模型，定量研究出小镇公共空间各影响因素之间的内在关系。研究成果丰富和拓展了风景园林专业对于特色小镇学术研究的内容。

(2)建立了特色小镇公共空间活力评价体系。对于特色小镇的评价研究，以往学者多是从经济产业发展或建筑规划布局角度出发，鲜少关注小镇的公共空间。本研究利用影响机制的研究结果构建小镇公共空间活力评价指标体系，建立评价模型，并对模型进行了实证研究，这为特色小镇公共空间活力的评价与管理提供了依据。

(3)从宏观、中观、微观 3 个维度提出了杭州特色小镇公共空间活力提升的策略。对杭州特色小镇公共空间活力的提升设计具有一定的指导作用，对推进我国新型城镇化建设及公共空间高质量发展具有实际的社会意义。

8.2 讨论与展望

特色小镇公共空间活力研究对于提高特色小镇品质有着重要的作用。对比以往的研究，本研究获取了一些新的研究成果：进行了杭州特色小镇公共空间活力特征调查与内在影响机制的分析研究，获取了量化的数据；建立了特色小镇公共空间活力评价体系，并根据实证研究了评价体系的合理性和有效性；提出了杭州特色小镇公共空间活力优化提升的策略。但在研究的过程中，也发现有几个问题值得进一步讨论：

(1)4 个样本特色小镇使用人群基本以本地居民为主，与城市公共空间的使用人群具有相似性。这与有些文献中认为特色小镇公共空间应重点关注外来游客的需求有所不同。主要原因是：研究中发现比较成熟的特色小镇往往生产、生活空间都比较成熟，本地居民在小镇中的生活活动场景已经成了小镇吸引外来游客的重要元素。因此，在特色小镇公共空间的设计中，还是要立足从吸引本地居民入手，这样才能更好地吸引外来游客访问小镇，因为对于外来游客来说，一个有“烟火味”的特色小镇会更具有魅力。

(2)特色小镇公共空间吸引人群的影响因素中文化与景观占据更高的权重，相反产业因素的权重相对较低。由此表明，在特色小镇公共空间活力中更加需要加强文化与景观的研究。产业的发展对于小镇的公共空间会有一定的影响，但真正吸引小镇居民及外来游客访问公共空间的仍然是文化与景观因素，运用和展示小镇的文化，提高小镇公共空间环境景观的品质，是提升小镇公共空间活力的重要途径。

与此同时，本书也有以下几个方面值得后续继续研究，以此丰富特色小镇公共空间的研究成果：

(1)如何在保持小镇公共空间活力的同时又保证小镇公共空间的公共健康与安全。

(2)特色小镇公共空间在建设之初常常以独特的活动、独具一格的景观风貌吸引众多的人流，但随着使用者新鲜感的消失，小镇公共空间活力的可持续性如何能够得到保障。

(3)从风景园林学角度如何更深入地探讨特色小镇的公共空间文化传承与景观构建以提升公共空间活力，并为新型城镇化发展服务。

参考文献

[1] 中华人民共和国住房和城乡建设部. 住房城乡建设部关于保持和彰显特色小镇特色若干问题的通知[EB/OL]. 中华人民共和国住房和城乡建设部. (2017-07-07)[2020-02-21]. http://www.mohurd.gov.cn/wjfb/201707/t20170710_232578.html.

[2] 张颖. 四部委联合发文为特色小镇建设"纠偏"《关于规范推进特色小镇和特色小城镇建设的若干意见》出台[J]. 中国勘察设计, 2017, 2(12): 19.

[3] 石楠. "人居三"、《新城市议程》及其对我国的启示[J]. 城市规划, 2017, 41(1): 9-21.

[4] 罗桑扎西, 甄峰. 基于手机数据的城市公共空间活力评价方法研究——以南京市公园为例[J]. 地理研究, 2019, 38(7): 1594-1608.

[5] 刘维超, 丁兰馨, 蔡健. 产城人文逻辑下的浙江特色小镇实践[C]//持续发展 理性规划——2017中国城市规划年会论文集. 北京: 中国建筑工业出版社, 2017: 1241-1257.

[6] 范金龙. 浙江特色小镇发展机理初探[C]//持续发展 理性规划——2017中国城市规划年会论文集. 北京: 中国建筑工业出版社, 2017: 9.

[7] 吴志强, 李德华. 城市规划原理[M]. 北京: 中国建筑工业出版社, 2001.

[8] 孟超. 转型与重建: 中国城市公共空间与公共生活变迁[M]. 北京: 中国经济出版社, 2017.

[9] 徐艺文. 新型城镇化背景下浙江小城镇人居环境营造研究[D]. 金华: 浙江师范大学, 2014.

[10] 郑萍. 新型公共空间提升乡村治理有效性[N]. 中国社会科学报. 2019-12-24(005).

[11] 周尚意, 龙君. 乡村公共空间与乡村文化建设——以河北唐山乡村公共空间为例[J]. 河北学刊, 2003, 23(2): 72-78.

[12] 曹海林. 乡村社会变迁中的村落公共空间——以苏北窑村为例考察村庄秩序重构的一项经验研究[J]. 中国农村观察, 2005, 26(6): 61-73.

[13] 王春光, 孙兆霞, 罗布龙, 等. 村民自治的社会基础和文化网络——对贵州省安顺市J村农村公共空间的社会学研究[J]. 浙江学刊, 2004, 42(1): 137-146.

[14] JACOBS J. The Death and Life of Great American Cities[M]. New York: Random House Publishing Group, 1992.

[15] LYNCH K. Good City Form[M]. Cambridge: The MIT Press, 1984.

[16] 克莱尔·库珀·马库斯, 卡罗琳·弗朗西斯. 人性场所——城市开放空间设计导则[M]. 俞孔坚, 孙鹏, 王志芳, 译. 北京: 中国建筑工业出版社, 2001.

[17] 王建国. 城市设计[M]. 北京: 中国建筑工业出版社, 2009.

[18] 徐清. 景观设计学[M]. 上海: 同济大学出版社, 2010.

[19] 王均熙. 当代汉语新词词典[M]. 上海: 汉语大词典出版社, 2003.

[20] 伊恩·本特利. 建筑环境共鸣设计[M]. 大连: 大连理工大学出版社, 2002.

[21] 蒋涤非. 城市形态活力论[M]. 南京: 东南大学出版社, 2007.

[22] BENTLEY I, ALCOCK A, MURRAIN P, et al. Responsive environments. A manual for designers[M]. London: Architectural Press, 1985.

[23] 王玉琢. 基于手机信令数据的上海中心城区城市空间活力特征评价及内在机制研究[D]. 南京: 东南大学, 2017.

[24] 汪海, 蒋涤非. 城市公共空间活力评价体系研究[J]. 铁道科学与工程学报, 2012, 9(1): 56-60.

[25] 闵学勤. 精准治理视角下的特色小镇及其创建路径[J]. 同济大学学报(社会科学版), 2016, 27(5): 55-60.

[26] MICHAEL E P. On Competition[M]. Boston: Harvard Business School Pr, 1998.

[27] PARLETT G, FLETCHER J, CHRISCOOPER. The impact of tourism on the Old Town of Edinburgh[J]. Tourism Management, 1995, 16(5): 355-360.

[28] MURPHY C, BOYLE E. Testing a Conceptual Model of Cultural Tourism Development in the Post-Industrial City: A Case Study of Glasgow[J]. Tourism and Hospitality Research, 2006, 6(2): 111-128.

[29] SMITH M K. Seeing a new side to seasides: culturally regenerating the English seaside town[J]. International Journal of Tourism Research, 2004, 6(1): 17-28.

[30] 陈博文. 基于空间句法和POI数据的特色小镇空间形态研究[D]. 杭州: 浙江农林大学, 2019.

[31] KIING M J. Time for Action: Greenwich Town Centre: A Conservation Strategy[J]. Town Planning Review, 1994, 65(2): 223-224.

[32] ORTH M. Ideality to Reality: The Founding of Carmel[J]. California Historical Society Quarterly, 1969, 48(3): 195-210.

[33] 谭欣, 杰克逊. 美国西部牛仔小镇[J]. 光彩, 2016, 23(2): 64-85.

[34] 朱素芳. 法国特色小镇见闻与启示[J]. 浙江经济, 2017, 34(23): 50-51.

[35] 段金萍. 法国特色小镇建设的经验与借鉴[J]. 世界农业, 2018, 38(8): 172-175.

[36] PERRY L C. REMINISCENCES OF CLAUDE MONET FROM 1889 TO 1909[J]. The American Magazine of Art, 1927, 18(3): 119-126.

[37] BAECQUE A D, LOYER E, PY O. Histoire du festival d'Avignon[M/OL]. Paris: Gallimard, 2016.

[38] 张传秀. 欧洲国家特色小镇建设经验及启示[J]. 沈阳干部学刊, 2017(3): 48-50.

[39] WILD M T, JONES P N. Rural Suburbanisation and Village Expansion in the Rhine Rift Valley: A Cross-Frontier Comparison[J]. Geografiska Annaler: Series B, Human Geography, 1988, 70(2): 275-290.

[40] 张晶. 诱人的德国环保小镇[J]. 环境保护与循环经济, 2009, 33(7): 74-75.

[41] 闵学勤. 德国名镇哥廷根的建设对中国特色小镇创建的启示[J]. 中国名城, 2017, 10(1): 36-40.

[42] 海若. 从典型案例看国外特色小镇建设经验[N]. 中国国土资源报. 2018-03-21(04).

[43] SEATON A V. Hay on Wye, the mouse that roared: book towns and rural tourism[J]. Tourism Management, 1996, 17(5): 379-382.

[44] 刘虹. 书香小镇: 英国海伊小镇的历史风貌保护[J]. 人类居住, 2018, 27(2): 42-45.

[45] DOUGILL W. The English village[J]. The Town Planning Review, 1932, 15(1): 1-14.

[46] 初莉平. 带您去欣赏英国古朴美丽寂静的库姆堡小镇[J]. 中国地名, 2012, 29(5): 42-43.

[47] EDITORS T. Ronda SPAIN[EB/OL]. Encyclopaedia Britannica[2020-02-21]. https://www.britannica.com/place/Ronda#accordion-article-history.

[48] 刘少才. 恬静的水乡田园小镇——荷兰羊角村[J]. 世界环境, 2017, 35(9): 64-67.

[49] FUCHS S, BRUNDL M, STTTER J. Development of avalanche risk between 1950 and 2000 in the Municipality of Davos, Switzerland[J]. Natural Hazards & Earth System Sciences & Discussions, 2004, 4(2): 263-275.

[50] SIMONE S. The economic impact of MICE Tourism[D]. Barcelona: University of St. Gallen, 2011.

[51] DANIELLE K H. Interlaken Lakeside Reserve Ramsar Wetland Management Plan, Number 6/2[R]. 2003.

[52] 蔡健, 刘维超, 张凌. 智能模具特色小镇规划编制探索[J]. 规划师, 2016, 32(7): 128-132.

[53] 马斌. 特色小镇: 浙江经济转型升级的大战略[J]. 浙江社会科学, 2016, 31(3): 39-42.

[54] 卫龙宝，史新杰. 特色小镇建设与产业转型升级[J]. 浙江社会科学，2016，32(3)：28-31.

[55] 刘波. 我国发展体育特色小镇的价值与路径研究[J]. 体育师友，2019，42(6)：58-60.

[56] 卓勇良. 创新政府公共政策供给的重大举措——基于特色小镇规划建设的理论分析[J]. 浙江社会科学，2016，31(3)：32-36.

[57] 周鲁耀，周功满. 从开发区到特色小镇：区域开发模式的新变化[J]. 城市发展研究，2017，24(1)：51-55.

[58] 彭明唱. 新型城镇化背景下特色小镇建设发展研究——以徐州市为例[J]. 江苏城市规划，2017，22(12)：33-37.

[59] 张杰. 特色小镇发展的警惕与规划反思[J]. 规划师，2018，34(11)：121-125.

[60] 奚赋彬. 远郊型特色小镇发展动力模式研究[C]//2018 中国城市规划年会，2018.

[61] 吴可人. 特色小镇增强转型升级活力[J]. 浙江经济，2015，32(6)：23-24.

[62] 鲁钰雯，翟国方，施益军，等. 中外特色小镇发展模式比较研究[J]. 世界农业，2018，38(10)：187-194.

[63] 吴曼，朱宇婷，曹磊. 特色旅游小镇生态景观艺术设计研究[J]. 艺术百家，2017，33(4)：233-234.

[64] 闵忠荣，周颖，张庆园. 江西省建制镇类特色小镇建设评价体系构建[J]. 规划师，2018，34(11)：138-141.

[65] 高雁鹏，徐筱菲. 辽宁省特色小镇三生功能评价及等级分布研究[J]. 规划师，2018，34(5)：132-136.

[66] 田学礼，赵修涵. 体育特色小镇发展水平评价指标体系研究[J]. 成都体育学院学报，2018，44(3)：45-52.

[67] 吴一洲，陈前虎，郑晓虹. 特色小镇发展水平指标体系与评估方法[J]. 规划师，2016，32(7)：123-127.

[68] 施从美，江亚洲. 基于 K-均值聚类统计的特色小镇评价[J]. 统计与决策，2018，34(21)：57-59.

[69] 张晓，张奕，张娴. 以武汉市为例研究小尺度公共空间活力[J]. 山西建筑，2010，34(25)：38-39.

[70] 姜蕾. 城市街道活力的定量评估与塑造策略[D]. 大连：大连理工大学，2013.

[71] 宁晓平. 土地利用结构与城市活力的影响分析[D]. 深圳：深圳大学，2016.

[72] 刘颂，赖思琪. 大数据支持下的城市公共空间活力测度研究[J]. 风景园林，2019，26(5)：24-28.

[73] 姜璐. 基于空间句法的居住街区开放度研究[D]. 成都：西南交通大学，2017.

[74] 付帅军，陈金泉，刘忠骏，等. 基于空间句法的赣州历史街区形态与活力特征分析[J]. 江西理工大学学报，2016，37(5)：20-27.

[75] 龙瀛，周垠. 街道活力的量化评价及影响因素分析——以成都为例[J]. 新建筑，2016，34(1)：52-57.

[76] 赵月霞，李建斌，王重亮. 创造有活力的开放空间——由沈阳市青年公园一隅引发的遐想[J]. 河北建筑工程学院学报，2007，23(2)：61-62+65.

[77] 朱小雷. 广州西关旧城社区开放空间活力度因素模型[J]. 华南理工大学学报(社会科学版)，2016，18(1)：88-93.

[78] PARNREITER C. Global cities in Global Commodity Chains：exploring the role of Mexico City in the geography of global economic governance[J]. Global Networks，2009，10(1)：35-53.

[79] CURTIS T S. A model of Canadian and American central city vitality[D]. New York：State University of

New York, 2008.

[80] XU Ting. Two-Dimensional City[D]. Cincinnati, Ohio: University of Cincinnati, 2017.

[81] YOSHIKO TANAKA S T. Positive Feedback Model for City Vitalization[J]. International Journal of Japanese Sociology, 1996, 5(1): 107-122.

[82] NAGLE J. Ghosts, Memory, and the Right to the Divided City: Resisting Amnesia in Beirut City Centre[J]. Antipode, 2016, 49(1): 149-168.

[83] TAYLOR M D. Sustainable placemaking: Restoring the vitality of underutilized infrastructure[D]. Maryland, USA: University of Maryland, 2013.

[84] HYSLOP J T. Catalytic Urbanism: Encouraging Urban Vitality in Spokane, Washington Through Modular Development[D]. Seattle, USA: University of Washington, 2012.

[85] YU W. Sustainable neighbourhood re-development design: Principles and their application in Qingdao, China[D]. Calgary, Alberta, Canada: University of Calgary, 2006.

[86] NIKKU B R. Crafting Child-friendly Cities: Evidence from Biratnagar Sub-metropolitan City, Eastern Nepal[J]. Asian Social Work and Policy Review, 2013, 7(2): 135-150.

[87] CISNEROS H. A City for All Ages[M]. California, USA: the Milken Institute, 2014.

[88] GUPTE V N. Designers' perspectives of walkability and accessibility of Dart´s downtown Transitway Mall in Dallas[D]. Arlington, Texas: The University of Texas, 2009.

[89] WANG J. Face as an image of the city: An integrated approach toward city diagnosis[D]. Lubbock, Texas, USA: Texas Tech University, 1987.

[90] PERIN · C. With Man in Mind[M]. Cambridge: MIT Press, 1970.

[91] 郭薇薇. 基于老年人行为轨迹的社区户外环境适老化设计研究[D]. 杭州：浙江工商大学，2016.

[92] 王墨非. 城市街道边缘空间设计对于街道活力的影响研究[D]. 西安：西安建筑科技大学，2015.

[93] 庞智. 从空间改良到活力营造——英国城市更新的研究思考[J]. 上海城市规划，2016，26(6)：67-74.

[94] 荀爱萍，王江波. 基于SD法的街道空间活力评价研究[J]. 规划师，2011，27(10)：102-106.

[95] 何正强. 社会网络视角下办公型社区公共空间的有效性分析[J]. 南方建筑，2014，34(4)：102-108.

[96] 张梦琪. 城市活力的分析与评价[D]. 武汉：武汉大学，2018.

[97] 刘黎，徐逸伦，江善虎，等. 基于模糊物元模型的城市活力评价[J]. 地理与地理信息科学，2010，26(1)：73-77.

[98] CAVNAR M M, KIRTLAND K A, EVANS M H, et al. Evaluating the Quality of Recreation Facilities: Development of an Assessment Tool[J]. Journal of Park & Recreation Administration, 2004, 22(1): 96-114.

[99] GEHL J. Cities for People[M]. Washington, DC: Island Press, 2010.

[100] CHRISTOPHER J G, NAOMI J E, BOSTOCK S. Development of the Neighbourhood Green Space Tool (NGST)[J]. Landscape and Urban Planning, 2012, 106(4): 347-358 34.

[101] SAELENS B E, LAWRENCE D F, CHRISTOPHER AUFFREY E. Measuring Physical Environments of Parks and Playgrounds: EAPRS Instrument Development and Inter-Rater Reliability[J]. Physical Activity & Health, 2006, 3(1): 190-207.

[102] REBECCA E L, KATIE M B, REESE-SMITH J Y. The Physical Activity Resource Assessment (PARA) instrument: Evaluating features, amenities and incivilities of physical activity resources in urban neighborhoods[J]. International Journal of Behavioral Nutrition and Physical Activity, 2005, 3(2): 1-9.

[103] 郑丽君，武小钢，杨秀云. 大学校园公共空间活力评价指标的定量化研究[J]. 山西农业大学学报(自然科学版)，2016，36(11)：821-826.

[104] 陈菲. 严寒城市公共空间景观活力评价[M]. 哈尔滨：黑龙江大学出版社，2016.

[105] 陈菲，林建群，朱逊. 严寒城市公共空间冬夏季景观活力评价差异性研究[J]. 风景园林，2016，24(1)：118-125.

[106] 李丹妮. 我国城市宜居社区评估研究[D]. 大连：大连理工大学，2009.

[107] 刘斯荣，刘佳. 城市中介空间设计漫谈[J]. 长春理工大学学报(高教版)，2009，4(09)：57-58.

[108] 彭清超. "三生融合"导向下的特色小镇产业发展及空间布局研究[D]. 南昌：江西师范大学，2018.

[109] 郭晔. 特色小镇人居环境评价[D]. 石家庄：河北师范大学，2019.

[110] 李青青. 中国特色小镇空间分布研究[D]. 武汉：湖北大学，2018.

[111] 石玉. 特色小镇的特色性研究[D]. 舟山：浙江海洋大学，2018.

[112] 胡佳奕. 共享理念下济南市住区公共空间活力优化策略[D]. 济南：山东建筑大学，2019.

[113] 扬·盖尔. 交往与空间[M]. 何人可，译. 北京：中国建筑工业出版社，2002.

[114] 秦俊丽. 基于 Amos 技术的福州城区居民旅游决策行为影响机制研究[D]. 福州：福建师范大学，2009.

[115] 耿爱生，刘海英，同春芬. 社会调查方法 [M]. 北京：知识出版社，2014.

[116] 扬·盖尔. 公共空间·公共生活[M]. 汤羽扬，译. 北京：中国建筑工业出版社，2003.

[117] 谈州宸. 城市社区公园景观活力评价及设计研究[D]. 福州：福建农林大学，2019.

[118] 韦恩·奥图，唐·洛干. 美国都市建筑——城市设计的触媒[M/OL]. 王劭方，译. 台北：创兴出版社，1995.

[119] 金广君，刘代云，邱志勇. 论城市触媒的内涵与作用——深圳市宝安新中心区城市设计方案解析[J]. 城市建筑，2004，1(1)：79-83.

[120] 朱渊. 现世的乌托邦："十次小组"城市建筑理论[M]. 南京：东南大学出版社，2012.

[121] 扬·盖尔，拉尔斯·吉姆松. 新城市空间[M]. 何人可，译. 北京：中国建筑工业出版社，2003.

[122] 余德彪，束文琦. 浙江特色小镇高质量发展之路[J]. 中国工业和信息化，2019，2(12)：82-87.

[123] 华芳，陆建城. 杭州特色小镇群体特征研究[J]. 城市规划学刊，2017，39(3)：78-84.

[124] 杭州梦想小镇. 梦想小镇·旅游资讯门户[EB/OL]. 杭州梦想小镇官网[2020-02-08]. http：//www. future-mxxz. com/web/main/html/xzgh. html.

[125] MCKENZIE T L，DEBORAH A C，SEHGAL A，et al. System for Observing Play and Recreation in Communities (SOPARC)：Reliability and Feasibility Measures[J/OL]. Journal of Physical Activity and Health，2006，3(1)：208-222.

[126] 曾忠平，王雅丽，彭浩轩. 基于 SOPARC 和 KDE 的游客游憩行为研究——以武汉东湖绿道为例[J]. 中国园林，2019，35(12)：58-62.

[127] 许婕，赵均. SOPARC 的译介及示例研究[J]. 福建体育科技，2015，34(3)：1-4，17.

[128] OSTERMANN F O. Digital representation of park use and visual analysis of visitor activities[J]. Computers，Environment and Urban Systems，2010，34(6)：452-464.

[129] 郭志刚. 社会统计分析方法：SPSS 软件运用[M]. 北京：中国人民大学出版社，2001.

[130] 吴明隆. 结构方程模型[M]. 重庆：重庆大学出版社，2009.

[131] 吴明隆. 问卷统计分析实务：SPSS 操作与应用[M]. 重庆：重庆大学出版社，2010.

[132] KLINC R B. Rinciples and practrce of sturctural equation modeling[M]. New York：The Guilford Press，1998.

[133] HATCHER L. A Step-by-Step Approach to Using the SAS System for Factor Analysis and Structural

Equation Modeling[M]. Cary, N. C.: SAS Institute Inc, 1998.

[134] 候杰泰，温忠麟，成子娟. 结构方程模型及其应用[M]. 北京：教育科学出版社，2004.

[135] GEHL J. Life Between Buildings: Using Public Space[M]. New York: Island Press, 2011.

[136] NIKOLOPOULOU M, BAKER N, STEEMERS K. Thermal comfort in outdoor urban spaces: understanding the human parameter[J]. Solar Energy, 2001, 70(3): 227-235 22.

[137] 陈菲. 严寒城市公共空间景观活力评价研究[D]. 哈尔滨：哈尔滨工业大学，2016.

[138] C·亚历山大. 建筑的永恒之道[M]. 赵冰，译. 北京：知识产权出版社，2004.

[139] 刘善庆. 景德镇陶瓷特色产业集群的历史变迁与演化分析[M]. 北京：社会科学文献出版社，2016.

[140] 尹波宁，张袅，程喆，等. 什刹海历史街区业态与街区活力相关性研究[C]//活力城乡 美好人居——2019 中国城市规划年会论文集. 重庆，2019：691-703.

[141] 高永波，袁圣明，段义猛. 公共服务设施对城市新区活力的作用研究——以青岛蓝谷为例[C]//2019 城市发展与规划论文集. 郑州，2019：2085-2091.

[142] 邢晨声. 特色小镇建设的文化思考[N]. 中国文化报. 2017-07-16(10).

[143] VIDICH J A, BENSMAN J. Small Town in Mass Society, Class, Power and Religion in a Rural Community[M]. New Jersey: Princeton University Press, 1968.

[144] 中华人民共和国住房和城乡建设部. 城市园林绿化评价标准：GB/T505632-2010[S]. 北京：光明日报出版社，2010：12.

[145] 叶凤. 11 月 5 日梦栖小镇揭开神秘面纱[N]. 杭州日报. 2015-11-02(A3).

[146] 陈义勇，刘卫斌. 使用者行为视角的城市大型公共空间设计研究——以深圳北中轴广场为例[J]. 中国园林，2014，31(5)：108-112.

[147] 吴桂宁，詹李慧子. 街道广场活力提升的策略方法探讨——以华南理工大学旁五山街道广场为例[J]. 中国名城，2020，34(1)：41-47.

[148] 藏慧. 城市广场空间活力构成要素及设计策略研究[D]. 大连：大连理工大学，2010.

[149] 余洋，陈跃中，董芦笛. 街道是谁的(从街景设计出发重构城市公共空间)[M]. 北京：中国建筑工业出版社，2020.

[150] MONTGOMERY J. Making a city: urbanity, vitality and urban design[J]. Journal of Urban Design, 1998, 3(1): 93-116.

[151] 芦原义信. 外部空间设计[M]. 北京：中国建筑工业出版社，1985.

[152] 刘珊. 环境、类型、精神——建筑外部空间设计的核心问题[J]. 南京艺术学院学报(美术与设计版)，2009，32(1)：123-129.

[153]王飞宇. 传统村落空间活力评价与提升研究[D]. 绵阳：西南科技大学，2019.

[154]王鹤，孔德静，徐嵩. 建构关系文化发展的城市公共空间评价指标体系[J]. 科技展望，2016，26(28)：292-292.

[155]周进，黄建中. 城市公共空间品质评价指标体系的探讨[J]. 建筑师，2003(03)：52-56.

[156]阿龙多琪. 景区依托型村落公共空间活力评价及空间优化研究[D]. 哈尔滨：哈尔滨工业大学，2017.

[157]任彬彬，忻益慧. 冀北地区特色村寨公共空间活力评价因素[J]. 地域研究与开发，2018，37(3)：138-147.

附录 A　特色小镇公共空间使用者活动调查

表 A-1　特色小镇公共空间使用者活动特征记录表

公共空间编号： 调查员： 日期： 天气情况：	活动时间编号	活动人群编号	活动类型						
			日常工作类	观察学习类	休闲类	体育健身类	游玩类	集体活动类	其他

(a)放风筝 (b)散步 (c)赏景 (d)带孩子 (e)观看 (f)逛街 (g)表演 (h)坐憩 (i)赏景 (j)拍照 (k)观察 (l)垂钓 (m)赏景 (n)喝茶 (o)跑步

图 A-1 梦想小镇人群主要活动类型

(a)跑步 (b)带孩子 (c)集体活动 (d)喝咖啡 (e)晒太阳 (f)儿童游乐
(g)儿童游乐 (h)野营 (i)购物 (j)奔跑

图 A-2 艺尚小镇人群主要活动类型

(a)就餐 (b)亲子活动 (c)休憩 (d)写生 (e)集体活动 (f)攀岩 (g)交谈 (h)散步 (i)喝茶
(j)集体活动 (k)垂钓 (l)观光 (m)生态学习 (n)观光 (o)写生、摄影 (p)农事体验

图 A-3 玉皇山南基金小镇人群主要活动类型

(a)骑行　(b)观光　(c)晒太阳　(d)观茶　(e)闲逛　(f)散步　(g)亲子活动
(h)集体活动　(i)采茶　(j)带孩子　(k)露营

图 A-4　龙坞茶镇人群主要活动类型

A-01 梦想小镇服务大厅前滨水公共空间

A-02 创业集市

A-03 欧美金融城公园

A-04 仓前历史街区

A-05 金色长廊外部公共空间（希望田野）

图 A-5 梦想小镇公共空间航拍图

C-01 八卦田遗址公园

C-02 小镇水景公园

C-03 南宋官窑博物馆外部公共空间

C-04 白塔公园

C-05 江洋畈生态公园

C-06 凤凰山路风情街

C-07 甘水港

图 A-6 玉皇山南基金小镇公共空间航拍图

D-01空茗听泉广场

D-02 品士当代艺术馆及周围外部公共空间

D-03 兔子山公园

D-04 早春探茶广场

D-05 骑行公园

图 A-7 龙坞茶镇公共空间航拍图

附录B　特色小镇公共空间活力影响调查问卷

尊敬的特色小镇公共空间使用者：

我们是来自×××的学子。正在研究特色小镇公共空间活力的影响因素。调查采用不记名形式。非常期待您能够抽出宝贵时间协助我们调查，谢谢您的合作！

×××大学×××学院

一、下列因素会对您到公园/广场/街巷等公共空间活动产生影响吗？请在符合条件的□打“√”。

影响因素	很影响	影响	一般	不影响	很不影响
1. 小镇的自然山水是否会影响公共空间的人流量和使用？	□	□	□	□	□
2. 日照、气温等是否会影响公共空间的人流量和使用？	□	□	□	□	□
3. 小镇的产业生产是否会影响公共空间的人流量和使用？	□	□	□	□	□
4. 活动的场地大小高矮等尺度是否会影响公共空间的人流量和使用？	□	□	□	□	□
5. 公共空间内有商业、健身等多种复合功能是否会影响公共空间的人流量和使用？	□	□	□	□	□
6. 小镇周边人群的密度是否会影响公共空间的人流量和使用？	□	□	□	□	□
7. 公共空间的服务设施配套完善与否是否会影响公共空间的人流量和使用？	□	□	□	□	□
8. 小镇的可达性是否影响公共空间的人流量？	□	□	□	□	□
9. 公共空间的管理维护水平是否影响公共空间的人流量和使用？	□	□	□	□	□
10. 文化氛围的营造是否影响公共空间的人流量和使用？	□	□	□	□	□
11. 文化活动的开展是否影响公共空间的人流量和使用？	□	□	□	□	□
12. 公共空间内的商业活动是否会影响公共空间的人流量和使用？	□	□	□	□	□
13. 公共空间的景观环境是否会影响公共空间的人流量和使用？	□	□	□	□	□
14. 您认为上述各项指标对公共空间中的活动人群会产生影响吗？	□	□	□	□	□

（续）

影响因素	很影响	影响	一般	不影响	很不影响
15. 您认为上述各项指标对公共空间中人们的活动时间会产生影响吗？	□	□	□	□	□
16. 您认为上述各项指标对公共空间中的人们的活动聚集度会产生影响吗？	□	□	□	□	□

二、个人属性特征

1. 您的性别：□男　　□女
2. 您的年龄：□18～29 岁　□30～49 岁　□50～59 岁　□60 岁以上
3. 您的职业：□学生　□公司职员　□自由职业　□教师　□公务员、事业单位　□离退休职工　□其他
4. 您的学历：□初中及以下　□高中或中专　□专科/本科　□硕士及以上
5. 居住地：□小镇周边　□杭州其他区　□外地
6. 月收入：□1000 元以下　□1000～3000 元　□3000～8000 元　□8000 元以上

衷心感谢您的参与，祝您生活愉快，健康幸福！

调查地区：＿＿＿＿＿＿＿＿

调查时间：＿＿＿＿＿＿＿＿

调查者：＿＿＿＿＿＿＿＿

附录 C　结构方程模型相关结果

表 C-1　协方差矩阵

	文化与景观 W	设施服务 S	产业空间功能 C	自然环境 Z	公共空间活力	周边人群密度	空间功能多样性	景观环境	活动空间	活动时间	活动人群	文化氛围	文化活动	管理运行	设施配套	可达程度	空间尺度	产业发展	商业活动	自然山水	微气候
文化与景观 W	0. 309	—	—	—	—	—	—	—	—	—	—	—	—	—	—	—	—	—	—	—	—
设施服务 S	0. 304	0. 357	—	—	—	—	—	—	—	—	—	—	—	—	—	—	—	—	—	—	—
产业空间功能 C	0. 314	0. 319	0. 365	—	—	—	—	—	—	—	—	—	—	—	—	—	—	—	—	—	—
自然环境 Z	0. 363	0. 393	0. 405	0. 557	—	—	—	—	—	—	—	—	—	—	—	—	—	—	—	—	—
公共空间活力	0. 348	0. 357	0. 368	0. 460	0. 432	—	—	—	—	—	—	—	—	—	—	—	—	—	—	—	—
周边人群密度	0. 318	0. 323	0. 370	0. 411	0. 373	0. 680	—	—	—	—	—	—	—	—	—	—	—	—	—	—	—
空间功能多样性	0. 354	0. 359	0. 412	0. 457	0. 414	0. 417	0. 700	—	—	—	—	—	—	—	—	—	—	—	—	—	—
景观环境	0. 346	0. 340	0. 351	0. 406	0. 390	0. 356	0. 395	0. 666	—	—	—	—	—	—	—	—	—	—	—	—	—
活动空间	0. 347	0. 356	0. 367	0. 458	0. 430	0. 372	0. 413	0. 388	0. 684	—	—	—	—	—	—	—	—	—	—	—	—
活动时间	0. 360	0. 369	0. 380	0. 475	0. 446	0. 385	0. 428	0. 403	0. 445	0. 694	—	—	—	—	—	—	—	—	—	—	—
活动人群	0. 348	0. 357	0. 368	0. 460	0. 432	0. 373	0. 414	0. 390	0. 430	0. 446	0. 653	—	—	—	—	—	—	—	—	—	—
文化氛围	0. 309	0. 304	0. 314	0. 363	0. 348	0. 318	0. 354	0. 346	0. 347	0. 360	0. 348	0. 657	—	—	—	—	—	—	—	—	—
文化活动	0. 377	0. 371	0. 382	0. 442	0. 424	0. 387	0. 431	0. 421	0. 423	0. 439	0. 424	0. 468	0. 786	—	—	—	—	—	—	—	—
管理运行	0. 295	0. 346	0. 309	0. 381	0. 346	0. 313	0. 348	0. 330	0. 345	0. 357	0. 346	0. 295	0. 359	0. 611	—	—	—	—	—	—	—
设施配套	0. 304	0. 357	0. 319	0. 393	0. 357	0. 323	0. 359	0. 340	0. 356	0. 369	0. 357	0. 304	0. 371	0. 346	0. 603	—	—	—	—	—	—
可达程度	0. 319	0. 375	0. 334	0. 412	0. 374	0. 339	0. 377	0. 357	0. 373	0. 387	0. 374	0. 319	0. 389	0. 363	0. 375	0. 695	—	—	—	—	—
空间尺度	0. 342	0. 347	0. 398	0. 442	0. 401	0. 404	0. 449	0. 382	0. 399	0. 414	0. 401	0. 342	0. 416	0. 337	0. 347	0. 364	0. 673	—	—	—	—
产业发展	0. 314	0. 319	0. 365	0. 405	0. 368	0. 370	0. 412	0. 351	0. 367	0. 380	0. 368	0. 314	0. 382	0. 309	0. 319	0. 334	0. 398	0. 651	—	—	—
商业活动	0. 289	0. 294	0. 337	0. 374	0. 339	0. 342	0. 380	0. 324	0. 338	0. 351	0. 339	0. 289	0. 352	0. 285	0. 294	0. 308	0. 367	0. 337	0. 647	—	—
自然山水	0. 363	0. 393	0. 405	0. 557	0. 460	0. 411	0. 457	0. 406	0. 458	0. 475	0. 460	0. 363	0. 442	0. 381	0. 393	0. 412	0. 442	0. 405	0. 374	0. 861	—
微气候	0. 297	0. 321	0. 331	0. 455	0. 376	0. 336	0. 373	0. 332	0. 375	0. 388	0. 376	0. 297	0. 362	0. 311	0. 321	0. 337	0. 361	0. 331	0. 305	0. 455	0. 705

表 C-2　所有变量的相关性

	文化与景观 W	设施服务 S	产业空间功能 C	自然环境 Z	公共空间活力	周边人群密度	空间功能多样性	景观环境	活动空间	活动时间	活动人群	文化氛围	文化活动	管理运行	设施配套	可达程度	空间尺度	产业发展	商业活动	自然山水	微气候
文化与景观 W	1.000	—	—	—	—	—	—	—	—	—	—	—	—	—	—	—	—	—	—	—	—
设施服务 S	0.916	1.000	—	—	—	—	—	—	—	—	—	—	—	—	—	—	—	—	—	—	—
产业空间功能 C	0.933	0.882	1.000	—	—	—	—	—	—	—	—	—	—	—	—	—	—	—	—	—	—
自然环境 Z	0.876	0.882	0.899	1.000	—	—	—	—	—	—	—	—	—	—	—	—	—	—	—	—	—
公共空间活力	0.954	0.908	0.926	0.938	1.000	—	—	—	—	—	—	—	—	—	—	—	—	—	—	—	—
周边人群密度	0.693	0.656	0.743	0.668	0.688	1.000	—	—	—	—	—	—	—	—	—	—	—	—	—	—	—
空间功能多样性	0.760	0.718	0.814	0.731	0.753	0.605	1.000	—	—	—	—	—	—	—	—	—	—	—	—	—	—
景观环境	0.762	0.698	0.711	0.667	0.727	0.528	0.579	1.000	—	—	—	—	—	—	—	—	—	—	—	—	—
活动空间	0.756	0.720	0.734	0.743	0.792	0.545	0.597	0.576	1.000	—	—	—	—	—	—	—	—	—	—	—	—
活动时间	0.777	0.740	0.755	0.764	0.815	0.561	0.614	0.592	0.646	1.000	—	—	—	—	—	—	—	—	—	—	—
活动人群	0.776	0.739	0.753	0.763	0.813	0.560	0.613	0.591	0.645	0.663	1.000	—	—	—	—	—	—	—	—	—	—
文化氛围	0.686	0.628	0.641	0.601	0.654	0.476	0.521	0.523	0.519	0.534	0.532	1.000	—	—	—	—	—	—	—	—	—
文化活动	0.764	0.700	0.713	0.669	0.728	0.530	0.580	0.582	0.577	0.594	0.593	0.651	1.000	—	—	—	—	—	—	—	—
管理运行	0.678	0.741	0.654	0.653	0.673	0.486	0.532	0.517	0.533	0.549	0.547	0.466	0.518	1.000	—	—	—	—	—	—	—
设施配套	0.705	0.770	0.679	0.678	0.699	0.505	0.553	0.537	0.554	0.570	0.569	0.484	0.538	0.570	1.000	—	—	—	—	—	—
可达程度	0.689	0.752	0.664	0.663	0.683	0.493	0.540	0.525	0.541	0.557	0.556	0.473	0.526	0.557	0.579	1.000	—	—	—	—	—
空间尺度	0.749	0.709	0.803	0.722	0.743	0.597	0.653	0.571	0.589	0.606	0.605	0.514	0.573	0.525	0.545	0.533	1.000	—	—	—	—
产业发展	0.699	0.661	0.749	0.673	0.694	0.557	0.610	0.533	0.550	0.565	0.564	0.480	0.534	0.490	0.509	0.497	0.602	1.000	—	—	—
商业活动	0.647	0.612	0.693	0.623	0.642	0.515	0.564	0.493	0.508	0.523	0.522	0.444	0.494	0.453	0.471	0.460	0.557	0.519	1.000	—	—
自然山水	0.704	0.709	0.723	0.804	0.754	0.537	0.588	0.536	0.597	0.615	0.613	0.483	0.538	0.525	0.545	0.533	0.580	0.541	0.501	1.000	—
微气候	0.636	0.640	0.653	0.726	0.681	0.485	0.531	0.485	0.540	0.555	0.554	0.437	0.486	0.474	0.493	0.482	0.524	0.489	0.452	0.584	1.000

表 C-3 影响因子分数权重

	周边人群密度	空间功能多样性	景观环境	活动空间	活动时间	活动人群	文化氛围	文化活动	管理运行	设施配套	可达程度	空间尺度	产业发展	商业活动	自然山水	微气候
文化与景观W	0.038	0.055	0.108	0.063	0.071	0.072	0.056	0.085	0.044	0.051	0.044	0.052	0.040	0.032	0.016	0.012
设施服务S	0.024	0.034	0.050	0.042	0.048	0.049	0.026	0.040	0.137	0.159	0.136	0.033	0.025	0.020	0.044	0.033
产业空间功能C	0.093	0.133	0.046	0.039	0.044	0.045	0.024	0.036	0.025	0.029	0.025	0.127	0.097	0.076	0.040	0.030
自然环境Z	0.041	0.058	0.019	0.087	0.098	0.100	0.010	0.015	0.047	0.054	0.047	0.056	0.043	0.034	0.208	0.156
公共空间活力	0.033	0.047	0.064	0.121	0.138	0.140	0.033	0.050	0.038	0.044	0.038	0.045	0.035	0.027	0.073	0.054

表 C-4 标准化总影响

	文化景观W	设施服务S	产业空间功能C	自然环境Z	公共空间活力
文化景观W	0.524	0.654	1.295	0.968	—
设施服务S	1.222	0.524	1.038	0.776	—
产业空间功能C	0.617	0.770	0.524	1.140	—
自然环境Z	0.826	1.030	0.701	0.524	—
公共空间活力	1.230	0.825	1.044	1.221	—
周边人群密度	0.459	0.572	1.132	0.847	—
空间功能多样性	0.502	0.627	1.241	0.928	—
景观环境	1.161	0.498	0.986	0.738	—
活动空间	0.974	0.654	0.827	0.967	0.792
活动时间	1.002	0.673	0.851	0.995	0.815
活动人群	1.000	0.671	0.849	0.993	0.813
文化氛围	1.046	0.449	0.889	0.664	—
文化活动	1.165	0.500	0.989	0.740	—
管理运行	0.905	1.129	0.769	0.575	—
设施配套	0.940	1.173	0.798	0.597	—
可达程度	0.919	1.147	0.781	0.584	—
空间尺度	0.496	0.619	1.224	0.915	—
产业发展	0.462	0.577	1.142	0.854	—
商业活动	0.428	0.534	1.057	0.790	—
自然山水	0.664	0.828	0.564	1.226	—
微气候	0.600	0.748	0.509	1.107	—

表 C-5　标准化直接影响

	文化景观 W	设施服务 S	产业空间功能 C	自然环境 Z	公共空间活力
文化景观 W	—	—	0. 849	—	—
设施服务 S	0. 801	—	—	—	—
产业空间功能 C	—	—	—	0. 748	—
自然环境 Z	—	0. 676	—	—	—
公共空间活力	0. 568	—	—	0. 440	—
周边人群密度	—	—	0. 743	—	—
空间功能多样性	—	—	0. 814	—	—
景观环境	0. 762	—	—	—	—
活动空间	—	—	—	—	0. 792
活动时间	—	—	—	—	0. 815
活动人群	—	—	—	—	0. 813
文化氛围	0. 686	—	—	—	—
文化活动	0. 764	—	—	—	—
管理运行	—	0. 741	—	—	—
设施配套	—	0. 770	—	—	—
可达程度	—	0. 752	—	—	—
空间尺度	—	—	0. 803	—	—
产业发展	—	—	0. 749	—	—
商业活动	—	—	0. 693	—	—
自然山水	—	—	—	0. 804	—
微气候	—	—	—	0. 726	—

表 C-6　标准化间接影响

	文化景观 W	设施服务 S	产业空间功能 C	自然环境 Z	公共空间活力
文化景观 W	0.524	0.654	0.445	0.968	—
设施服务 S	0.420	0.524	1.038	0.776	—
产业空间功能 C	0.617	0.770	0.524	0.392	—
自然环境 Z	0.826	0.354	0.701	0.524	—
公共空间活力	0.661	0.825	1.044	0.781	—
周边人群密度	0.459	0.572	0.390	0.847	—
空间功能多样性	0.502	0.627	0.427	0.928	—
景观环境	0.399	0.498	0.986	0.738	—
活动空间	0.974	0.654	0.827	0.967	—
活动时间	1.002	0.673	0.851	0.995	—
活动人群	1.000	0.671	0.849	0.993	—
文化氛围	0.360	0.449	0.889	0.664	—
文化活动	0.401	0.500	0.989	0.740	—
管理运行	0.905	0.388	0.769	0.575	—
设施配套	0.940	0.403	0.798	0.597	—
可达程度	0.919	0.394	0.781	0.584	—
空间尺度	0.496	0.619	0.421	0.915	—
产业发展	0.462	0.577	0.393	0.854	—
商业活动	0.428	0.534	0.363	0.790	—
自然山水	0.664	0.828	0.564	0.422	—
微气候	0.600	0.748	0.509	0.381	—

附录 D 梦栖小镇公共空间活力影响因素（部分）得分调查问卷

尊敬的梦栖小镇公共空间使用者：

我们是来自×××的学子。正在研究梦栖小镇的公共空间活力值，每一项因素总分为 5 分，请您根据自身活动感受为它打分。调查采用不记名形式，非常期待您能够抽出宝贵时间协助我们调查，谢谢您的合作！

×××大学×××学院

您认为在梦栖小镇您活动的公共空间中，下列因素可以打几分？请在符合条件的□打“√”。

序号	影响因素	评分
1	空间围合	□5 分　□4 分　□3 分　□2 分　□1 分
2	空间尺度	□5 分　□4 分　□3 分　□2 分　□1 分
3	步行系统	□5 分　□4 分　□3 分　□2 分　□1 分
4	夜景照明	□5 分　□4 分　□3 分　□2 分　□1 分
5	硬质景观	□5 分　□4 分　□3 分　□2 分　□1 分
6	休憩设施与场所	□5 分　□4 分　□3 分　□2 分　□1 分
7	儿童设施与场所	□5 分　□4 分　□3 分　□2 分　□1 分
8	运动设施与场所	□5 分　□4 分　□3 分　□2 分　□1 分
9	历史文化的保护与延续	□5 分　□4 分　□3 分　□2 分　□1 分
10	文化活动可参与型	□5 分　□4 分　□3 分　□2 分　□1 分
11	文化活动的趣味性	□5 分　□4 分　□3 分　□2 分　□1 分
12	文化活动影响力	□5 分　□4 分　□3 分　□2 分　□1 分

衷心感谢您的参与，祝您生活愉快，健康幸福！

调查公共空间：________________

调查时间：________________

调查者：________________